智元微库
OPEN MIND

成 长 也 是 一 种 美 好

隐形创伤

如何疗愈看不见的童年伤痛

王嘉悦 著

人民邮电出版社

北京

图书在版编目（CIP）数据

隐形创伤：如何疗愈看不见的童年伤痛 / 王嘉悦著
. -- 北京：人民邮电出版社，2022.3（2023.12重印）
ISBN 978-7-115-58035-1

Ⅰ．①隐… Ⅱ．①王… Ⅲ．①心理调节－通俗读物
Ⅳ．①B842.6-49

中国版本图书馆CIP数据核字(2021)第246169号

◆ 著　王嘉悦
责任编辑　陈素然
责任印制　周昇亮

◆ 人民邮电出版社出版发行　　北京市丰台区成寿寺路 11 号
邮编 100164　电子邮件 315@ptpress.com.cn
网址 https://www.ptpress.com.cn
涿州市京南印刷厂印刷

◆ 开本：720×960　1/16
印张：14.75　　　　　　　2022 年 3 月第 1 版
字数：230 千字　　　　　 2023 年 12 月河北第 3 次印刷

定　价：59.80 元

读者服务热线：（010）81055522　印装质量热线：（010）81055316
反盗版热线：（010）81055315
广告经营许可证：京东市监广登字 20170147 号

告别『隐形创伤』，点亮觉察之光

荣格说，当你的潜意识没有进入你的意识时，那它就是你的命运。

在做亲密关系咨询师之前，我对这句话理解得并不深刻。那时我只有一种朦胧的感觉，似乎很想逃离"原生家庭"这道枷锁，也隐隐感到某种命运的"强迫性重复"。

做咨询师后，我似乎对潜意识与命运之间的关系有了直观的体验。我的很多来访者都会惊讶地发现，自己一不小心就活成了自己讨厌的人的样子。比如，很多遭遇出轨的伴侣会惊奇地发现，明明自己遭受过父母出轨带来的伤害，并因此朝着与父母特质相反的方向寻找伴侣，但找着找着，自己的另一半就变成了当初伤害自己的人的样子！

而出轨一方的故事也大同小异。他们中的很多人小时候也遭受过父母出轨或者离异的创伤，曾经信誓旦旦自己不做那样的负心人，可是，活着活着就活成了自己讨厌的样子。

其实，荣格早已告诉我们原因，当潜意识掌控我们的生活时，当我们内心还存在很多"隐形创伤"时，我们会不自觉地陷入对悲剧命运的"强迫性重复"。只有我们真正敢于正视深埋在心灵深处的"隐形创伤"，愿意用觉察之光去照亮潜意识，命运才有可能出现转机。

我也是因为原生家庭的"隐形创伤"走上了心理咨询师的道路。

母亲在我9岁时病逝了，我因此很早就有了对于疾病与死亡的恐惧创伤，当然，更有至亲离开的"被抛弃的创伤"。

我的父亲很快再婚了，我开始经历组合家庭的复杂。其实母亲在世时，她和我的父亲也因为性格和成长环境的迥异而争吵不断。我性格中一直存在的"刺猬"的一面，估计也是来自童年的"隐形创伤"。

祸不单行。我的父亲又遭遇了下岗危机，家里经济状况一落千丈，再加上组合家庭的矛盾以及周围人的白眼，我小小年纪就饱尝"世态炎凉，人情冷暖"的滋味……

因此，我对人性的复杂与内心的探索产生了兴趣，早早开启了记录自己"情绪与想法"的日记之旅。在个人电脑时代来临之前，我发现自己已经写满了十几本厚厚的日记本。尽管再去翻看青春期的记录时，我发现其中更多的是情绪的宣泄和对命运不公的感叹，但是这份坚持记录的习惯让我有了一个情绪的出口，让我的"隐形创伤"有了被觉察的可能，而不是被压抑在心灵深处形成内伤……

后来的我成功逃离了原生家庭，学习自己喜欢的法律专业，做了法官，后又去海外高校读了管理学，但最后我还是"鬼使神差"地闯进了"心理咨询"这个领域，并且找到了家庭创伤疗愈这个使命。疗愈他人也是疗愈自己，我们遇到的每一位来访者也都是咨询师自己的一个侧面。在他人的故事里，我们深深地照见彼此，看见便是疗愈的开始。

荣格说，当潜意识被呈现，命运就被改写了。这也是我推荐王嘉悦老师《隐形创伤》这本书的原因所在。

王嘉悦老师是美国约翰斯·霍普金斯大学心理咨询硕士、资深心理咨询师。她用丰富的案例和严谨的理论分析，给大家呈现她对"隐形创伤"的点滴细节的总结。

对我这个跨界咨询师来说，这些有益的总结与提炼具有很强的启发和借鉴意义。这些总结既有法律人的细致严谨，又有管理学人的工具化思维，更有资深心理学人的悲天悯人的情怀，这些都深深地打动了我，让我一气呵成读完本书。这也是我很愿意写这篇"抛砖引玉"的序言的原因所在。

我很喜欢嘉悦老师的这段话：

"埃里克森所坚持的，就是真诚地面对自己，并持续探索自我。在这种面对和探索之中，时间会给你最宝贵的财富：自省和自爱。在你走到那一步之前，你可能也会像埃里克森一样感到困惑、迷茫、痛苦，但没关系，这是成长的必经之路，请记得不要放弃探索和接纳自己内心的童年自我。"

心理学疗愈经典《拥抱你的内在小孩》的作者克里希那南达提醒我们：

"我们童年都有过身体或情绪上被遗弃的经验，那份伤痛是如此的难以抗拒，以致我们将它深埋在无意识中。我们的生命能量试图从这样的伤痛经验中复原，但是在我们重新意识到这些儿时的经验之前，疗愈是不会发生的。"

所以，创伤疗愈是一条漫长的路，当我们能够真正直面这些"隐形创伤"时，我们会惊奇地发现，原来那些负面情绪都是帮助我们走进内心探索之门的钥匙，能够帮助我们更好地理解自己的内在创伤、与对方共情，最终让我们能够彼此袒露脆弱、彼此看见，真正实现深度亲密。

让我们一起跟随这本《隐形创伤》勇敢地走上探索与疗愈之路吧！

亲密关系咨询师

陈历杰

为什么人会有突然崩溃的时刻

在电影《心灵奇旅》中，男主角终于如愿以偿登台表演爵士乐之后，却感到怅然若失，带他登台演出的前辈给他讲了这样一个故事。

从前，一条小鱼遇到了一条大鱼。大鱼说："你好呀，小鱼，你要去哪里呀？"小鱼说："我要去寻找大海！"大鱼笑了，说："你就在海里呀。"小鱼说："什么？这才不是海！这只是水！"

人的生活和关系里也有很多这样的情况。比如有人希望追求值得信任的关系，但遍寻不得，从此觉得所有关系都是不安全的；或者有人想要通过努力学习、工作取得优异的成绩，实现自己的价值，却发现人外有人、山外有山。

其实，人们追求的很多关系体验，比如被爱、被尊重、被理解等，都像小鱼追求的"海"一样，如果不能通过修正内在体验而感受到它们，就会始终觉得那些都只是"水"。

嘉悦在这本《隐形创伤》中展开剖析了人在各种不同人际情景里的各种情感反应、对关系的理解等，生动形象地阐释了人到底为什么受伤，又如何疗愈恢复。

在我们的成长过程中，各种"隐形创伤"是广泛存在的：从各种不合理的期待或要求到过度的竞争与比较，再到各种无法避免的人际冲突和侵犯。只是社会语境教育我们，只有理性、平静地面对各种批判和伤害，才能不造成更大的损失。殊不知，在这个过程中，内心的伤害已经发生，并且往往被忽略了。

过去受到的伤害可以被掩藏，就像瓷器上隐蔽的裂痕，也许平日看起来并不明显，但是，当瓷器受到强大的外力或是极速的热胀冷缩时，就会突然裂开——就像书中描绘的那些人突然崩溃的时刻。所以，看到这些隐蔽的裂痕至关重要。只有看到了，才能开始细细修复，开始自己的疗愈之旅。

心理学有一个名词叫作"强迫性重复"，也就是说我们曾经遭受的创伤，后来在人生中以其他形式不断重复。比如，童年时期被父母忽视，可能成人后就会因爱上"不可能获得的人"而一次次陷入痛苦的亲密关系。

比如，小时候没有很好地建立自尊，在长大后的人生竞争中常常深感"我不配"而不敢争取。我们之所以常常忽略这些隐形创伤，是因为表面上看起来它们并没有影响我们的生活。实际上，它们在我们的自我认知、沟通过程、我们的人际交往和亲密关系、个人成长和职业发展中，都起到了非常关键的作用。

很多人都在讲"术"，也就是我们怎么做、说什么话、运用什么技巧就能变"好"。这相当于我们只修剪一棵大树表面的树叶，这很难引发真正的改变。这本书的特别之处在于，它能告诉你那些影响和限制你的"根"在哪里——在隐形创伤里。我们只有追根溯源，才有可能真正改变。

嘉悦是目前少数既有西方心理学教育背景，又有中西方近 10 年临床经验的专业咨询师。她对这些丰富的经历进行了凝练，对隐蔽却又重要的人际创伤进行了深刻的心理解读，也在如何修复和疗愈这些创伤方面具有独到的见解。本书案例生动有趣，专业理论丰富，读起来酣畅淋漓又深入浅出。

在当下社会，隐形创伤是一个普遍存在但又一直被忽视的话题。每个个体的成长、自我的实现、困境的挣扎往往都与创伤、重建有关。就像书中所描绘的金缮一样，创伤经历不仅是负面的经历，更是一个人成长、让自己的人格更丰富甚至产生和他人更多联结的机会。这也是本书中最安慰人心的部分。

资深心理咨询师

溪子

前言

自爱与自省是打开人生新局面的双翼

你是否有过以下经历?

在与他人沟通的过程中,有时会莫名其妙地生气或伤心;事后你可能也没有想通自己当时为什么会那么难过,但就是有种"被击中的感觉",甚至直接崩溃。

有时,你只是想对别人提出善意的批评或开个玩笑,但对方突然大发脾气,你也不知道为什么对方的情绪会这么激动,但你们的关系就是疏远到了难以挽回的地步。

有时,你在和父母亲人、伴侣爱人、朋友、同事相处的过程中有一种莫名的无力感甚至是身体的不适感,觉得自己无法改变那些让自己不舒服的人和事,觉得自己失去了对周围一切的控制。你甚至感到自己的人际关系、日常生活及工作学习都开始因此出现各种各样的问题和障碍。

实际上,这些情况非常普遍,甚至被人们当作理所当然而不加注意。这也是本书叫"隐形创伤"的原因所在。

而我写作本书的核心目的，是想告诉大家，当你已经成为一个"大人"，你完全有能力通过自省，明白自己过去人生中发生的那些不尽如人意的事情的本质，以及如何理解它们才能帮助自己拥有更积极的生活和人际感受。

自爱是自省的基础。

在生活中，我们看到很多人非常擅长批判甚至苛责自己。自己是不是工作没有做好？那句话是不是说得不太得体？自己是不是就是很失败、不如别人？自己是不是社交无能？实际上，这样的自我批判不是自省，而是一种自我怀疑和自我否定。

真正的自省是在确定"我很好，我值得被尊重和爱"的前提下，理解自己在一些关系和事件中为何有那样的感受、为何做出那样的选择，而这些感受和选择是否还有更好的可能性。比如：自己之所以会因一句本来没有恶意的话而感到非常难过，或者被某些话语勾起强烈的情绪感受，并不是因为自己天然就敏感且不擅长人际交往，而是因为在重要关系中经历过创伤。自己需要的不是被批判或责怪，而是被理解和照顾，当创伤得到疗愈，在关系里的感受和选择自然也会变化。

那些"被击中的感觉""莫名的无力感"，实际上都是创伤经历引起的不成熟的应对机制在冲突和压力下的表现。拥有成熟的应对机制的人让人愿意接近并与其合作，而拥有不成熟的应对机制的人往往会因为担心害怕选择远离他人。创伤经历可能阻碍了一个人的应对机制趋于成熟，从而导致其人际关系体验受损。

所以，探索和疗愈自己的创伤经历很有必要，因为这会帮助你提升自己的人际交往能力、工作能力，释放被压抑的潜能，并达到自我实现的目的。

本书呈现并分析了一些在社会关系中常见的典型关系创伤，希望可以帮助读者厘清一些理解自己的成长关系创伤的思路。但这并不是说所有人都可以在本书的案例中找到关于自己的问题的现成答案。本书旨在帮助大家开始理解如何使用认知体系思考自己的创伤议题与关系模式，从而灵活地解构创伤体验，挣脱有害关系模式的桎梏。

纵观心理学发展的历史，即使最伟大的心理学家和心理治疗师也无法承诺自己的治疗思路永远正确、有效、不过时。弗洛伊德出生在第二次工业革命前夕和维多利亚时期，所以他的理论充满了机械动力的模型，升华、压抑、驱力等概念不仅是他的思想作品，也是那个时代的信息输入。在弗洛伊德的理论中，人的心理结构仿佛一台复杂、精密的蒸汽机，人只有寻求内在动力的顺畅一致才能好好去爱、去工作。到了如今的信息时代，绝大多数心理流派都更加强调人与世界、人与他人的联结，如果一个人的心理出现了问题，一定是他与家庭、社会的互动不够顺畅。所有这些理论都是重要的、不分对错的，只是时代环境会变化，所处其中的人心也会变化。每个人都需要在其中找到真正和自己匹配的方向。本书也尽量选取了一些人们在城市化家庭人际结构中常常遇到的议题和矛盾进行讨论和分析，以匹配当下的情景。

在这个复杂多变的世界中，我们需要的不是确定的答案，而是自爱和自省的能力。这种核心力量无法脱胎于他人，只有在做出了自己的选择和努力、接纳了未知与无常之后才能获得。

本书中有较多的内容侧重于分析探索一个人的认知信念、情绪模式、人格状态与早年重要经历的联系。努力去理解"我到底为什么会这样想、有这样的感受、做这样的选择"的过程很重要，因为这个知其然并知其所以然的过程，可以给人以改变自己的动力。甚至可以说，一个人的自我意识就是在这个过程中产生并加强的。

创伤是可以在自己的努力探索之下被重新审视的。世界很复杂，你也很复杂，不要停止思考，人生不是排练好的剧目，而是一个不断自省的过程。人的自我认知可以永远深入下去，内在心理世界的复杂幽深并不是一件可怕的事情，而是一重很美的境界，就像云雾后的重峦叠嶂格外引人入胜。

著名发展心理学家爱利克·埃里克森（Erik Ericson）在自己的成长过程中，发现自己的成长环境令他十分痛苦：由于自己不是继父的亲生儿子，长相差异较大、习惯不同，他常常感到周围的人对他的批判和排斥。当他发现这一切并不是他的问题时，他选择了离开限制和批判他的环境，更加遵从自己的内心，投身心理学研究，并赋予自己新的姓氏：Ericson。他在童年时常常幻想长大后能够成为"更好的父母"，最终他成功了，他成为自己的内在小孩最好的父母。

埃里克森所坚持的，就是真诚地面对自己，并持续探索自我。在这种面对和探索的过程中，时间会给你最宝贵的财富：自省和自爱。在你走到那一步之前，你可能也会像埃里克森一样感到困惑、迷茫、痛苦，但没关系，这是成长的必经之路。请记得，不要放弃探索和接纳自己内心的童年自我。当你完成了重新认识自我和保持自爱的人生课题，其他你需要的一切都会自然而然地向你靠近。

第一章

疗愈创伤，走出剧情 · 1

创伤的个体独特性：我应该为此感到痛苦吗 · 2

创伤的特点：重复、困惑与停滞 · 4

禁锢或金缮：你可以带给心理创伤的两个结局 · 10

回顾创伤：探索过去，理解现在 · 14

第二章

理解原生家庭创伤 · 19

爬虫脑：生存的创伤 · 21

哺乳动物脑：情感依恋的创伤 · 26

认知脑：自尊的创伤与认知矫正 · 31

创伤的类型 · 35

第三章

来自家庭内部的危险 · 41

强迫性重复：伤我最深的人，为何我却难以离开 · 42

家庭暴力：为何人际交往中很难控制愤怒情绪 · 49

第四章

早期养育缺陷与亲密关系 · 59

在爱情中"被骗"：早期养育创伤对人的影响 · 60

忽远忽近的亲密关系：两种对于原始恐慌的防御反应 · 67

爱的艺术：去识别自己在关系中所恐惧或回避的 · 73

第五章

死亡与丧失带来的创伤 · 79

哀悼原来如此漫长：与他人之间的玻璃罩子渐渐消失 · 80

哀伤陷阱：失去重要他人，如何走出痛苦 · 88

死亡焦虑：注定面对的恐惧 · 92

第六章

疾病带来的创伤体验 · 101

生理疾病：传染疾病会让我无法生存和工作吗 · 102

疑病与恐惧：我应该用多大力气来担心疾病 · 108

疾病的表象：我们真的需要完美的健康与外表吗 · 116

第七章

空虚与孤独 · 121

缺乏镜映的成长体验：你能看到我吗 · 122

情绪颗粒度：深入理解自己的情绪 · 129

第八章

分化受阻的创伤 · 135

安全了，才能独立：你有自己的心理安全基地吗 · 136

敢独立：独立的心态分为“自给”和“自足”两个部分 · 141

从内摄到内化：面对外界的期待，如何坚持做自己 · 145

“假性分化”：能反抗，就是独立吗 · 151

婆媳关系：与原生家庭分化不足导致的婚恋问题 · 158

第九章

来自学校的创伤体验 · 165

权威的力量：我的生存由权威掌控吗 · 166

与同辈相处的创伤之一：过度竞争的伤疤 · 174

与同辈相处的创伤之二：霸凌 · 181

第十章
情绪负性能力 · 189

亲密关系：如果注定和"错的人"在一起，怎么办 · 190

接受痛苦：忍受痛苦才能拥有创造力 · 196

后记 · 201

参考文献 · 211

第一章

疗愈创伤，走出剧情

在开始处理自己的隐形创伤前，很重要的一点是理解究竟什么是创伤。只有这样，我们才能判断自己是不是有需要处理的创伤，以及朝什么方向探索这些创伤和自己成长经历之间的关系。

心理上的创伤不像肉体上的创伤那么一目了然，而需要通过理解和感受自己的行为、表现、关系体验进行间接判断，所以这并不是一件很简单的事情。

创伤的个体独特性：我应该为此感到痛苦吗

提起"心理创伤"这个概念，很多人会联想到许多灾难性事件，认为只有经历这些才会有所谓的"心理创伤"，而这个词和自己没有太大的关系。实际上，创伤的普遍性远远高于常人所想。很多来到心理咨询室的来访者也是在进行了很长时间的咨询后才意识到自己在成长过程中经历了各种大大小小、难以磨灭的创伤：从交通意外、职场中的不公正、上学时被家长或老师辱骂批评，到突患重病、失去亲人或经历家庭暴力等，这些都会对个人的心理状态和人际关系模式产生远比自己想象中深远得多的影响。

每个人的成长经历和背景都不尽相同，对创伤的敏感程度也不一样。比如，同样是经历性骚扰，一个有良好人际支持的成年人可能只会觉得像被苍蝇缠上一样恶心，事情解决了就过去了。但如果经历这件事的是小孩，或是缺乏社会资源和人际关系的人，就会感到十分无助和恐惧，受伤的心情在很长时间里都难以平复，这件事甚至会影响其基本生活和社会功能。

一件事情对一个人是否构成创伤，其实没有客观的判断标准，而在于这件事情有没有让这个人的心理产生持续波动，并且影响生活的其他方面。

曾经有人困惑不解地问我，自己的孩子为什么那么脆弱，只是在学校被老师批评了，就不愿意再去上学，他对此感到无法理解。但那个孩子的感受却是当时的场景让她感到十分屈辱和痛苦，在梦中，她看到周围的同学对她投来鄙夷的目光和嘲笑的神情，这让她觉得自己一文不值，并且她在之后的学校生活中常常"闪回"（flash back）到那个情境中，她十分害怕再次发生这样的情景。

后文中，我会对这种每个人都多多少少会经历的、"普通的"创伤经历进行一些描述和分析，帮助大家了解这些成长经历对自己产生的影响，学会如何改善自己的体验。

创伤的特点：重复、困惑与停滞

有句话叫作"不如意事常八九"，大到求学或求职的失败、重要他人的离开，小到日常生活中经常会遇到的鸡毛蒜皮的不愉快，令人痛苦的事情可谓十分常见。那么，普通的痛苦挫折和创伤之间的区别是什么呢?

创伤会带来重复的模式和症状

创伤的一个最重要的特点是，它会给人带来重复的关系体验和痛苦感受，并且这些重复的模式和症状可以被追溯到一个早期的痛苦经历。也就是说，带来痛苦的特定情景不是孤立的或一次性的，而具有一定的相似性，且这些相似的场景模式都会有一个源头的"原型事件"。

比如，A 先生有社交恐惧，他最害怕的场景就是工作中的公开演讲。每到这个场景，他就会流汗、发抖、尿频、肚子痛、呼吸急促，几乎无法自持。如果问他，除了这个场景，还有没有其他情况也会导致他无法自持，他会想到大学论文答辩时要面对导师评审组进行演讲的相似情景，答辩中途他暂停了很久去上厕所，调整呼吸。如果再问他，最早有这个体验是什么时候？他便会追溯到一个早期的场景：他在幼儿园时期参加过一次舞蹈表演，那时候他只有三四岁，因为很紧张又在上台前喝了很多水，不小心在表演时尿裤子了。结果幼儿园老师大发雷霆，一边给他换裤子一边责怪他，告诉他这件事情多么丢人和羞耻，老师再也不会让他上台表演了。

上述例子很明确地说明了"模式和症状的重复性"：这些场景都是公共展示的场景，都面临权威人物的评价和观看，都有相似的情绪和身体反应；同时，都能追溯到一个最早期的"原型事件"，即初次体验这样的场景和感受的事件——幼儿园表演时尿裤子被责罚。

创伤会让人难以言说和触碰

相信很多人在童年时都经历过类似不小心尿裤子或者其他在公共场合出糗的事情，从某种程度上讲，这样的事件可以称得上"普遍"。但为什么并不是每个人都会留下创伤呢？

因为构成创伤还需要一个要素，那就是这个痛苦的体验和经历无法被描述、倾诉和被理解。

如果你仔细观察过幼儿就会发现，他们难以主动表达很多突然发生的、复杂的痛苦。因为对他们来说，那是一个全新的体验，是会引发困惑和迷茫的体验，并且幼儿也没有学习过应该用怎样的词汇和语言去描述如此复杂的感受。

比如，一个 4 岁小男孩的母亲因病去世了，这个体验就完全超越了小男孩的经验。他的认知水平还没有发展到可以理解死亡概念的高度，他不明白为什么一个对自己如此重要的人凭空消失了。他可能很伤心、很恐惧，但是困惑和迷茫的感受一定先于伤心、恐惧的感受出现。

然而成年人常常倾向于逃避帮助儿童澄清经历痛苦时产生的困惑感。当一件令人悲伤的事情发生在幼儿面前，成年人常说"没关系，他还小，还不懂，不要跟他多说这件事"。导致这种情况的原因有二：一方面，成年人自己往往也会逃避面对和解释这些痛苦的经历；另一方面，很多成年人以为，儿童没有像成年人一样的描述痛苦的语言或表现，就代表他们"不懂"，代表他们没有那种深刻的痛苦感受，然而事实并非如此。

这种成年人对儿童痛苦感受的忽略，其实会增加痛苦经历对儿童的影响和折磨。儿童会在潜意识层面一直与自己的困惑拉扯：这件事情是怎么样的？为什么会发生这样的事情？为什么大人们好像都没有什么反应？我应该感到如此不舒服吗？

困惑和痛苦的经历无法被见证和理解是形成创伤的重要因素。这种"孤独的痛苦感"会起到将人隔离的作用——既然别人看起来都没有和我一样的感受和体验，是不是说明我和别人是不同的、不正常的？我是不是应该为我的这种感受感到羞耻和奇怪，是不是应该把这些感受藏起来？这就是"心墙"建立的过程。

创伤会"凝固时间"，让人发展停滞

"时间能治愈一切"，这句话的真实性其实很值得怀疑，因为临床工作和各种各样的研究都表明，许许多多的创伤并不会随着时间的推移消失。它们大多会继续存在，有的可能以变化之后的形态隐匿于人们日后的生活中，有的可能会改变人们的自我感受和躯体体验，还有的则会影响人们的人际关系和人生选择。有很多老年人，即便在得了阿尔茨海默症并且遗忘了自己生活里的很多日常事务和关系之后，还一次又一次地想起甚至重新体验自己童年时期的创伤经历，就像被困在过去没有被处理和疗愈的创伤体验之中一样。

库尔特·冯内古特（Kurt Vonnegut）在小说《五号屠场》中，描绘了一个会在战争场景和自己的中老年日常生活里进行时空穿梭的人，他可能前一秒还在医生同行的聚会上，下一秒就穿梭到冰冷的河床上，面对着迎面而来拿着枪的敌人，或者穿梭到躺着死尸的火车车厢里。虽然作者采用的是一种类似科幻小说的创作技巧，但我猜想这也可能是，他作为一个亲身体验过战争残酷的人的一种十分真切的感官体验——类似于创伤后应激障碍的闪回体验。

有时，创伤就像大脑里有了虫洞一样，会扭曲自身的时间体验。现实的时间已经前进了，但自身的体验还被困在创伤发生的时间里。

其实，这种创伤对思维、自我认知和人际关系的改变是人类的一种生存本能。创伤的体验总是难忘的，这非常合理，因为人类身心最重要的目标之一就是存活下去，而要存活下去，大脑就需要通过储存对过去的记忆来判断未来，因此牢牢记住这些不利于自身的事情和感受就很有必要。

然而，这些伴随着人们的、与过去的创伤经历联系的"症状"或人际模式，在人们的脑海中往往是"一团乱麻"，人们并不知道这些模式和经历之间的因果联系，很可能会错误归因，导致自己陷入困境的循环。这些创伤经历如果没有被以能让他人理解的语言和逻辑叙述出来，就会以十分混沌的形式存在于认知和体验里，导致人们做出的决定不仅不能避免再次受伤，还会让人们更容易重复进入困境。

这种重复进入困境的状态就是所谓的"固着"。固着是心理学上的一个常用词，意思是一个人如果在某个发展阶段受到了挫折，就有可能无法继续发展其某方面的能力，一直停留在这个阶段。比如前文所述的 A 先生的例子就是固着的一种典型体现：A 先生明显已经不再是幼儿园时那个幼小无助的孩子，也不会再有像他的幼儿园老师一样蛮不讲理且令人无法反抗的权威人物来控制他的生活，但是在面对生活中的困难时，他还像幼年时的自己一样无助和恐惧。

这相当于，作为一个成年人，A 先生的一些处理人际关系的能力和情绪调控的能力还停滞在幼儿园时创伤发生的阶段，没有得到充分的发展，这可能会让他在一些成年人"应该"应付自如的情境中手足无措或者失去一些机会。

禁锢或金缮：你可以带给心理创伤的两个结局

对每个人来说，创伤都是独特的，即使是相同的情景带来的感觉和勾起的回忆，在不同的人心里也是不同的。大部分人在成长的过程中都会经历或大或小的创伤。创伤一词虽然听起来让人不甚愉快，却也是一个人人格成长、成为自己的必不可少的经历和要素。

这样说绝对不是在试图安慰有创伤的人，或是在给不好的事物强加高光。大家可能常听到一句类似心灵鸡汤的话，"打不死我的都将让我更强大"，的确，一些创伤经历会让人习得处理有挑战和困难的场景的方法，但是同样也可能让人过分防御，给自己的世界加上厚厚的外壳，把一些机会和可能性阻隔在外。如果一个人对自己的创伤经历没有细致的理解，面对类似情景时采取的反应就是僵化、不灵活的，就会变得像童话故事《绿野仙踪》里的"铁皮人"一样，因为害怕受伤就用冷冰冰的铁壳把自己柔软的心脏禁锢起来，禁锢多年以至于都不知道自己柔软的心脏仍然存在，也无法感觉到各种美好、细腻的情感，错失很多珍贵的关系和体验。

比如，前文提到的被老师批评的小孩，一方面有可能会努力习得察言观色、理解他人期待的能力；另一方面，也可能会对别人的情绪过于敏感，发展出冷漠回避的防御机制，逃避人际关系和表现真实的自我，导致自己错失很多成长的机会。

所以，深入细致地理解和修复自己的创伤体验是一件格外重要的事情。

中国古代有一种十分高妙的修复瓷器的技术，叫"金缮"。用它可以修复碎掉的陶器，因其价格不菲，所以修复的往往都是对主人来说有特殊意义的心爱之物（见图1-1）。用金缮修复过的器物，不仅可以恢复原来的形状和功能，还会留下美丽的金色痕迹。这些金色的痕迹，每一条都有自己细致的纹理，都是独一无二、不可复制的，往往使器物比原来更有韵味。通过这些金色的痕迹，我们能够清晰地看到它受过的伤的形状和轨迹。这些痕迹并不会随着修复而消失，就像创伤的经历，发生了就是发生了，没有任何办法将其抹去，但这些痕迹并不会造成任何阻碍，反而会成为智慧和坚强的象征。

图 1-1　作者的朋友以金缮修复的童年珍爱的茶杯

深入、详细地了解自己的创伤是每个人自我理解、自我接纳、自我成长的关键。很多时候，困扰你的问题可能就藏在某段尘封记忆中的某个微妙的点上，那个点可能会成为你的"扳机"，看似渺小，却会触发一系列庞大的反应。

学习心理学也好，进行心理咨询也好，其功能和金缮一样，都是帮助人们细致地察看那些裂缝的形状质地，再细腻地拼合整理，最后形成使人能够看到成长叙事来龙去脉的金色纹理。

作为心理咨询师，我常常被人询问，是不是只有心理有问题的人才会去做心理咨询。我对这个问题的回答是"不是的"，每个人都带着或大或小的创伤成长，而会尝试去进行心理咨询的人多半对这些创伤有更多的觉察和认知，他们能够在一定程度上把自己现在的生活和感受与过去的经历相联系，并且心态开放到可以与他人交流这些经历。对于创伤经历的隐藏和羞耻感很容易造成二次创伤，这是一个令人惋惜的事实，也是我想讨论创伤相关议题的原因：创伤是如此普遍地存在于我们的生活中，我们如果能更加理解和接纳这些创伤体验，那么不管是对自己还是对他人来说，都会有很好的疗愈作用。

在本书中，我将以案例故事为主线，帮助大家以不同的视角看待一些普遍存在的创伤经历，去理解自己的成长，把创伤经历变成美丽坚固的"金缮"，而不是困住自己的"铁壳"。

不过请注意，这本书并不是一本专业的创伤治疗图书，其目的在于通过分析一些典型案例，帮助读者了解自己在人际成长方面是否有需要得到帮助和改善的地方。如果感到自己有较严重的创伤问题及情绪波动，请及时寻求专业帮助。另外，本书的案例均为基于常见情况编写的虚拟案例，请勿对号入座。

回顾创伤：探索过去，理解现在

谈到心理咨询，很多人会有一种错误的印象，即认为这是一个寻找自己原生家庭和父母的问题的过程。好像如果能把自己心中幼年积蓄的委屈和愤怒一吐为快，就可以疗愈很多创伤。当然，发泄和倾诉会起到一定作用，但作用并没有那么大，因此回顾和理解自己的成长创伤的目的不是发泄情绪或责备养育者。

每个时代的人在养育上都会有自己的局限性，养育的缺陷和创伤几乎是必然存在的。即使一对父母已经是当时最开明、科学的教育者和养育者，也一定无法完全满足自己的孩子在未来生存和发展的所有需要。

从图 1-2 可以看出，虽然一个人现在的人际问题或适应不良可能是过去的创伤体验导致的，但是产生心理问题的直接原因是他现在的人际关系和适应问题。所以，回顾过去的成长经历绝不是为了一直反刍、抱怨、责怪，而是通过对过去的回顾理解现在。

就像一个人站在一条道路上，他必须知道自己是从哪里来的，才可能清楚地知道自己现在在哪里，之后要到哪里去。

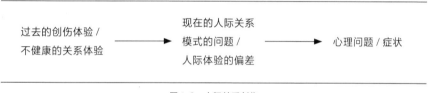

图 1-2　人际关系创伤

无益的理解创伤经历的思维逻辑如下：

【小明的父亲有家暴、酗酒的问题】导致了【小明现在的人际关系和生活方式方面的问题】。

有益的理解过去的思维逻辑如下：

【小明的父亲有家暴、酗酒的问题】让【小明留下了与权威人士相处有危险体验的深刻印象】，并且【这种体验有所泛化，让他以为所有的权威人士都这样】，导致【小明现在在一些工作关系中惧怕与权威人士相处，难以客观准确地理解上司的要求和指示，以为只要是上司就会无理由地责罚他】，所以【难以融入工作关系或长期从事当下的工作】。

可以看到，以上两种对于自己过去经历的理解虽然在方向上似乎是一致的，但是其中那些真正能够带给人改变的动力和办法的细节完全不同。因为小明的父亲在小明小时候的所作所为已经是过去的事情，过去的事情无法改变，而小明现在面对的生活和人际关系中的一些环节是可以被重新认知和改变的。比如在【这种体验有所泛化，让他以为所有的权威人士都这样】这个环节中，他可以改变的认知是，其实不是所有权威人士都这样，也有很多讲道理、温和的权威人士，只是他过去缺乏这种体验；并且他现在是独立的成年人，有自主掌握生活的能力，不再像以前一样只有依靠父亲才能生存下去；他生活中的权威人士和他也不是只有控制和服从的关系，还有成年人之间的平等合作关系；等等。

另外，对父母来说，他们之所以会这样对待子女，可能是因为他们也在无意识中经历过一模一样的伤害，这被称为"代际创伤"。几乎每一辈人都会经历重大的社会化，因此积累下来的代际创伤可能很多。我认为，完全幸福的原生家庭是非常罕见的。

但是，原生家庭决定论绝对不是一切问题的答案。许多研究案例表明，很多原生家庭极为不幸福的人也获得了良好的社会地位和幸福的生活，他们的共同点是，重新建立了和谐的关系，以及从心底理解和接纳了自己的过去。

如何面对创伤经历？这个问题有两种答案：

1. 主动寻找、建立值得信赖的亲密关系，改善人际关系；

2. 重新理解自己的创伤经历，改善自己的应对机制。

总而言之，对人真正有帮助的探索，绝不是为了把责任推到养育者身上，或者单纯地发泄情绪，而是为了从这些历史的细节中发现可以被治愈、修复、改变的部分，从而实现真正的成长。

第二章

理解原生家庭创伤

每一段关系都潜藏着前一段关系埋下的伏笔。作为一种有着很强认知和记忆能力的社会动物，人不仅会将关系里的体验储存在认知层面，也会将其储存在身体感受层面。这种身体感受层面的记忆是十分原始和强大的，会越过人的认知系统和逻辑系统，让人直接产生强烈的感受并迅速采取行动。

虽然人类经过漫长的进化已成为拥有发达大脑的生物，但大脑中仍然保留了一些原始而重要的部分。

美国神经生物学家保罗·D. 麦克里恩（Paul D. MacLean）提出了"三重大脑"在人类进化过程中出现的先后顺序。人的大脑有最古老而核心的爬虫脑、哺乳动物脑以及最后进化出的认知脑，即新皮质脑（见图2-1）。

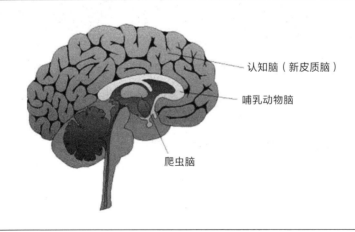

认知脑（新皮质脑）

哺乳动物脑

爬虫脑

图 2-1　三重大脑

爬虫脑：生存的创伤

大脑最核心的部分是爬虫脑，顾名思义，是爬虫类生物在进化过程中就已经拥有的大脑系统，即最原始的大脑组织。人类保留了自己的爬虫类祖先为了生存而进化出的控制体系，它不包含任何感情和认知，而是像电脑程序一样近乎死板地对外界进行反应。爬虫脑最重要的功能就是防御，即保护自己的生命，比如小动物感受到风吹草动就会本能地逃走。

爬虫脑对我们的生存而言至关重要，因为人需要在遇到危险时（比如面对飞驰而来的汽车）以极快的速度做出反应。之所以说爬虫脑是最原始的，是因为它有很多缺陷。比如，它很难根据现实情景做出调整，倾向于单一地重复那些最原始的生存反应，即使这些反应常常是失效的，比如典型的"木僵反应"。野外的一只小鹿会在察觉到有捕食者时僵住不动，这样可能有利于躲避捕食者，让捕食者无法感知它的位置。但是，如果这只小鹿跑上了高速公路，看到飞驰而来的汽车时，也会有类似的木僵反应，木僵反应并不能让它避免被车撞。这时更适合的反应应该是加速跳走，小鹿的身体能力也能做到这一点，但在爬虫脑的控制下它无法这样做，这就导致了悲剧的发生。

其实人的一些心理和行为问题也和这个部分的大脑功能有很大关系，比如强迫症。强迫症患者在认知上明白自己的行为并无现实意义，但还是无法控制自己反复做同一件事，比如关门或洗手，只有这样他们才能有安全感。这种情况的出现很大程度上就是因为强迫症患者的爬虫脑在起作用。

长期以来，杰莫都被强迫思维和行为困扰着。比如，他会反复回想自己有没有在社交软件上给人留下不当评论，或是有没有在出门前把家中的燃气阀门关掉。这些想法让他既恐惧又疲惫。一方面，他知道自己很谨慎、很小心，不太可能做出这些粗心大意的事情；另一方面，他又很恐惧这些事情的发生会给他带来难以挽回的后果。

在和杰莫交流的过程中，我们探索了很多他幼年时期与母亲之间的关系问题。杰莫的母亲的家族经历过战争，她自己虽然没有经历过战乱，但是常常能感受到父母讲述时流露出的恐惧，所以她常常生活在生存焦虑中，而这些焦虑又体现在她对孩子的抚养和教育之中。从杰莫懂事开始，当他不小心碰了电源插头或试图玩打火机时，杰莫的母亲都会大惊失色并教育他这些事有多么危险，让他一定要远离。

对杰莫来说，已经成年的他，在理性和逻辑上当然明白，这些事情不会对他造成什么威胁，但是那种恐惧和害怕的感觉仍然深深地储存在他大脑的杏仁核里。对幼童来说，父母是唯一的生存依靠，父母对于世界的反应和判断是他们生存中最重要的指标。这些指标锚点会深深地印刻在他们本能的层面，而非认知思考的层面。这也是为什么强迫症往往是一个很难完全根除的心理问题——爬虫脑在自行工作，并认为自己在进行一项生存必要的本能行为。处理这样的创伤问题不仅需要患者在理性层面做出改变，更需要帮助患者建立长期浸泡在更加安全的环境和关系里的体验，以逐渐修复这种本能反应（本章仅以示例说明创伤产生的原理，关于养育关系中典型创伤的详细阐述将在第四章、第五章、第八章进行）。

作为大脑的一套核心体系，杏仁核的运转十分耗费能量。因为它一旦开始运转，就会高速控制全身的神经和行为，并在零点几秒内做出逃跑或战斗的身体反应，所消耗的能量之多可想而知。

南茜有抑郁症和双相情感障碍，但是她一直觉得自己的表现不符合精神科医生的诊断，她感觉自己并不是真的抑郁，因为很多时候她有动力去创造和努力工作；她的情绪的确波动频繁，但并没有表现出双相情感障碍的躁狂状态。她在工作和人际交往中常常感到十分疲倦，并且之后只想睡觉。她一直很困惑自己为什么会这样。

在咨询的过程中，我们一起探索了很多她的童年经历，发现她遇到过很多偶然的人际危机和其他方面的危险事件。比如，她5岁时差点被人贩子带上一辆车，她拼命呼救逃跑才幸免于难；她交往过有暴力倾向的男朋友，那是她第一次恋爱，她不知道男友的暴力行为是不可原谅的，还以为是自己做得不够好，所以小心翼翼地避免激怒他，仍然努力维持着那段关系。

在与她交谈的过程中，我们逐渐发现，她的"危险雷达"其实一直开着，也就是说她的杏仁核体系一直处于备战状态，无论是在平时走路时，还是在工作时和有权力的男性相处过程中。即使没有实际威胁，她也在潜意识层面一直处于很警觉的状态。从这一角度思考，我们就可以理解南茜认为自己没有抑郁症和双相情感障碍，却常常非常疲惫、难以行动的原因了。她不是真的抑郁或躁狂，而是她过去的创伤经历导致她的杏仁核长期处于"战或逃"的警觉状态，带来大量的能量消耗，使她感到疲惫。

南茜的大脑一直在指挥身体随时做好逃跑的准备，所以她的身体就会不断地分泌出大量的皮质醇，这种激素会让她的血管扩张、血压升高、血糖升高，帮助身体做出激烈的反应，但这也让她感到十分疲惫。压力会让人容易过度进食导致肥胖也是类似的道理——试想你的大脑在不停地告诉你的身体，你随时需要应对可怕的场景，所以必须储存足够的糖分，这样才能随时用百米冲刺的速度逃跑。这也是为什么焦虑和压力与高血压、心脏病等疾病有着直接联系。

众所周知，譬如麻雀、壁虎这样较小的动物的反应都非常灵敏，它们没有人类那种较高级的皮质脑，却需要在自己的环境中随时提高警惕，提防捕食者。它们的灵敏、快速其实是因为它们的爬虫脑一直在工作，而这是以消耗大量能量为代价的。

如果你仔细观察过松鼠就会发现，当它们试图把找到的食物埋藏起来时，即使选择了没有土的埋藏地点，它们也会做出用爪子刨土的动作，之后才离开——这就是爬虫脑的工作方式，它是原始的、程式化的、不依据现实条件灵活改变的。爬虫脑可以维持生物最基本的生存需求，却无法满足它们那些更高级的需求或帮助它们应对更复杂的环境。

哺乳动物脑：情感依恋的创伤

在爬虫脑的外层，是得到进一步进化的哺乳动物脑。这个部分的大脑功能就像我们在生活中常见的小猫小狗的大脑功能一样，拥有了觉察感觉和情绪的能力及建立关系的能力。比如我们既能感觉到自己和小猫小狗的依恋关系，也能体察它们尽心尽力地抚养保护自己幼崽的情感，这是爬虫类动物无法做到的。

在著名的美国心理学家哈里·哈洛（Harry Harlow）的恒河猴实验中，研究者把刚出生的幼猴和自己的母亲分开，然后给他们两个不同的"替代妈妈"——铁丝妈妈和布料妈妈。铁丝妈妈的胸前挂着内有乳汁的奶瓶，布料妈妈没有奶瓶。研究者发现，比起有乳汁的铁丝妈妈，小猴子们更愿意和没有乳汁但柔软的布料妈妈待在一起。柔软联结的感受对于人类这种哺乳类动物来说也是一样重要的。

对人类来说，失去这种对于柔软的依恋感受可能会造成很大的创伤体验，所以人总是本能地极力避免被抛弃。

我们判断是否相信一个人，喜欢一个人，在恋爱关系中是否有浪漫的感受，大多取决于哺乳动物脑的感受。在咨询的工作中，我常常听到来访者讲自己的择偶标准：学历如何、收入如何、长相如何，但他们最终找到的伴侣很可能与自己想象中的大相径庭。

这是因为，能够实现最终的亲密关系的原因与这些客观标准没有太大关系，这些客观标准的确"有道理"，它们考虑的是"生存问题"，即"我能不能在现实层面活下去、过得好"，就像奶水对幼猴的作用。然而这些标准却不是构成依恋的必要条件，所以建立在这些"物质基础"上的关系有时反而不牢固，这也是为什么在择偶时有些人还会思考"这个人是贪图我的物质条件还是真的爱我"。

真实的关系能不能建立起来，依恋的感受和心理联结起着决定性作用。

安妮经历了一次让她身心俱疲的婚姻，然后又卷入了另一场她付出很多对方却没有承诺和回报的关系之中。她来到咨询室的目的是搞清楚，自己到底有什么"不好"，为什么总是感情不顺，而其他明明条件不如自己的女孩却可以找到让她很羡慕的伴侣。

在前一段婚姻中，她认为自己的前夫是一个很有能力的人，收入和学历都很不错，她不知道自己还能要求什么，所以虽然她并不清楚什么是"真爱"，但还是选择和他结婚了。当她在事业上遭遇不顺或想要追求自己的兴趣爱好时，对方却很不支持，并且表现得十分冷漠。于是，她努力像对方期待中那样，做一个贤妻良母，每日把家里收拾得整整齐齐。可是对方却越来越挑剔她。最终，对方以对她没有感情为由提出了离婚。

在新的关系中，即使对方并没有给她任何保持长期关系的承诺，她也主动进入这个模式。当我问她"什么让你愿意为一个短期内就会离开你的人如此付出"的时候，她流泪了，并说是因为感觉自己也没有什么特别出众的地方，既不是很漂亮，事业上也不算成功，所以认为自己不配找到一个理想的伴侣。为了找到伴侣，她只能多付出并展现自己有价值的一面了。

在和安妮的交谈中，我们探索到她在成长过程中的一些"非典型"的创伤经历：她的父母在生活上对她照顾有加，但却常常告诫她要努力学习和顺从，如果她考试没有考好或者和父母顶嘴，就会受到被关在门外15

分钟的惩罚。虽然她生在一个小康之家，但是她的母亲却会因为觉得父亲的收入不够高而和对方吵架，甚至威胁要离婚。所以，在她的关系模式里，表现得好与顺从，以及找到一个经济能力强的伴侣既是创伤也是构建关系的把手。对她来说，只有这样做才不会被抛弃，才不会遇到父母关系中曾出现的问题。实际上，她在关系里真正需要的是一种无条件的接纳和情感上的联结，而非这些物质条件构成的束缚。但由于她深深地认同自己的父母，所以在无意识地重复这些创伤的关系体验。

对安妮来说，她在心理咨询中需要的不仅仅是懂得为什么自己会有这些问题，以及自己的真实需要与择偶标准并不匹配，更重要的是去修复成长过程中的依恋创伤。因为对年少的她来说，并不懂得自己受到的伤害是来自抚养者的态度，而会相信是金钱等物质条件或学习成绩导致了自己的痛苦和不幸福。童年时的权威告诉孩子们的标准往往是坚不可摧的，即使有时这些标准有偏差，甚至会阻碍人得到幸福。

这也是为什么常常会有来访者来抱怨自己一直找不到合适的伴侣，而当我问起他们在以什么样的方式寻找伴侣时，他们往往首先想到：要学业不错，学历至少和自己差不多，这样才会有共同语言；家庭出身、父母社会地位和我差不多，这样才门当户对；工作收入需要相对匹配，这样才能共同进步。

其实，这些标准不是不对，而是不够"精细"，所以即使他们找到了符合这些标准的人，他们的哺乳动物脑也仍然会觉得不匹配、不接受——依恋模式没有完全匹配，没有联结真实的感受。在现代社会成年人的恋爱关系中，物质条件、学历、家庭背景等大概就类似于幼猴眼中的乳汁，而依恋模式的匹配则是幼猴感受上需要的柔软温暖。社会中的一些价值评判往往会放大前者的重要性，以致很多经济、事业上已经相对独立成功的人，仍然觉得自己在伴侣关系中需要寻找的是"乳汁"，其实他们没有那么需要这些额外的"乳汁"，这些额外的"乳汁"也并不会让他们感到更幸福、更快乐。找到"乳汁"很容易，因为这些都是肉眼可见的标准，找到"温暖柔软的体验"就不那么容易了，因为人对于陌生的体验总是有所回避或怀疑的：这真的是我要的吗？它会一直持续吗？这种陌生的体验让他们很不习惯。

对于人的哺乳动物脑来说，依恋关系的感受是十分重要的，选择伴侣时也需要它的"同意"才能顺利地发展下去。早期的依恋关系体验对于成年之后的择偶标准和伴侣相处方式有着很深刻的影响，本书的第五章、第八章会对此进行更详细的论述。

认知脑：自尊的创伤与认知矫正

大脑最外层的新皮质层，是人类独有的、具有发达的认知思考能力的部分。这也是人类和其他动物不一样的部分。很多时候，如果能够凭借认知能力努力思考和学习，人也可以改变一部分由爬虫脑和哺乳动物脑带来的影响。这也是很著名的心理咨询取向——"认知行为疗法"存在的原因。

人的情绪、认知和行为这三个部分就像齿轮一样咬合在一起（更复杂的情况是这个齿轮体系里还包括身体感受、情境控制等，此处暂略不谈），如果其中的一个部分变动，另外两个部分也一定会跟着一起变动。

人拥有一套更复杂的、认知这个世界和自己的逻辑系统。这套系统高于爬虫脑和哺乳动物脑控制下的动物本能，是一套深刻影响我们行为和感受的系统。

这套系统带给人的是更复杂的对自己和他人的认识。假如前文所述的两种创伤类型（生存的创伤、情感依恋的创伤），是大部分哺乳类动物都会有的，那么自尊自信上的创伤体验可能就是人类独有的、基于人类的自我认知能力而存在的一种创伤体验了。

比如，一个熊宝宝不会因为熊妈妈告诉它，其他熊宝宝爬树能力比它强而产生自卑心态，从此不敢再爬树；一只小母豹也不会因为豹子社会的"重男轻女"而抑郁。这样一些损害自尊自信的创伤，恰恰来自人更高级的自我认知和对他人的认知。但这些高级的认知也会被扭曲，这就是为什么我们常常可以看到一些人明明有能力和资源过上更幸福的生活，却因为失去自信心而陷入痛苦。

这种认知既然能被扭曲，就也能被矫正。

一只小鹿不小心跑到高速路上之后，看到高速路上飞驰而来的车，它的爬虫脑和杏仁核做出的本能反应是吓呆了，这使它呆立在路中间，更可能被车撞。其实，以小鹿的身体能力是可以逃跑的。但是，它的认知能力没有办法让它在那一瞬间意识到自己有这样的选择。而人类则可以通过自己大脑的后天学习，以及对自己认知的反馈和逻辑的思考获得这样的能力，使自己在这样的瞬间做出更合理的选择。矫正不良认知和行为模式的能力是人类独有的。

很多人都会有这样的疑问：心理咨询为什么要花那么长时间来剖析自己，而不是去讨论应该怎么办？事实上，对于大多数认知功能良好的人来说，在知道自己是怎样的那一瞬间，就知道了该如何改变。

比如，一个人患有社交恐惧症，他不敢在公共场合和人打招呼，因此感到自己得罪了很多人，并且这种症状对工作关系也产生了很不利的影响。那么，探索社交恐惧背后的思维和信念就十分重要了。如果仔细探索"不敢和人打招呼"这个恐惧，其背后往往是一些层层递进的认知、思维和信念。

"为什么即使看到了对方也不想打招呼呢？"

"因为如果对方不理我，我就会觉得很丢脸。"

"为什么对方不理你，就会让你觉得很丢脸呢？"

"因为这就说明他可能很讨厌我。而讨厌我的原因可能是他觉得我太差了，对我不屑一顾，认为不值得和我打招呼。"

"听起来好像你坚信别人会对你有一些差评？"

"是的，因为我自己就是这样看自己的，我认为我没什么值得被欣赏的地方。"

所以，他害怕的其实是那种自己没有价值的感受。

让人产生焦虑和恐惧感受的，并不是人际交往的事件行为本身，而是一个人对这些事件行为的"翻译"，即一个人心中的假设和信念。这些假设和信念都在人们的认知范畴内，要改变这些信念和假设往往需要矫正人们的认知偏差。

创伤的类型

在专业心理学对创伤的分类中，最主流的是将其分为一型创伤和二型创伤。这是按照创伤发生的次数和性质划分的。一型创伤是指那些一次性的创伤事件，比如意外的交通事故或者有过一次被故意伤害的经历。二型创伤通常是指在过去的人生中反复经历的一些伤害，比如在重要的关系中反复被抛弃，长期遭受身体虐待等。很多研究表明，二型创伤比一型创伤更容易造成不适应症状。

在本书中，我一共选出了7种常见的创伤类型（家庭暴力、养育缺陷、死亡与丧失、疾病、关系情感匮乏、分化受阻、集体与权威适应障碍），以此作为主要讨论对象。在专业上，它们大多属于二型创伤，也就是说，这些创伤体验是在一个人成长和发展过程中长期存在的。

创伤体验是人的成长过程中不可避免的一部分，一个人几乎不可能在没有创伤体验的环境下成长——关系太远了让人感到被抛弃，太近了让人感觉被压迫淹没，二者只是在程度上有区别。对于培养孩子的父母来说，理解这一点很重要，你的孩子可能无法避免各种各样的创伤体验，但是这些体验是可以用不同的方式方法来对冲和弥补的。有时，现实情况可能令家长被迫"逼迫"孩子做一些事情，比如父母不得不去上班，而孩子不得不去幼儿园，孩子就必须经历这种必要的分离，但这种当时令孩子伤心的体验是可以由家长之后的陪伴和安慰弥补的。

可以看出，很多创伤就像一个光谱上的两端。比如，关系分离造成的创伤和分化失败造成的创伤，就是在关系远近程度这个光谱上两种不同的创伤（见图 2-2）。

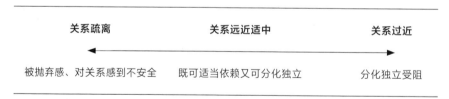

图 2-2　很多创伤就像光谱的两端

不同的创伤记忆被储存在大脑的不同区域中，如自然灾害、车祸、人身伤害等危及生命安全的创伤被储存在大脑最核心的部分，即爬虫脑的杏仁核部分，因为这些经历是关乎生死存亡的，大脑需要用反应最敏捷的部分记住它们，并且指挥身体在类似的场景中做出最快的反应来避免这些灾难。

关乎依恋关系的创伤体验大多被储存在人们的哺乳动物脑的部分，这会让人们记住：怎样的依恋关系是他们熟悉的，怎样的关系会让他们受伤，使他们感到被抛弃或被吞没。

人们对创伤体验的勾连是非常本能的，让人很容易跨过其他部分产生情感联结，这也是为什么说"所谓爱情其实就是两个人可以分享相似的创伤体验"。"他能理解我内心最脆弱不安的部分"是亲密关系中的至关重要的一种感受。在工作中我时常发现，一些来访者在亲密关系中存在的问题，实际上源自他在这段关系中缺乏对自己的创伤体验的表达和被理解的感受。很常见的一种情况是，亲密关系中的一方，为自己过去或原生家庭的某种创伤情况感到羞耻并担心对方不能接受，所以一直隐瞒。对方在不知晓的情况下就很难和他的这个部分进行联结。在关系的初始阶段，这可能不是一个大问题，因为激情可以掩盖很多东西，但是随着时间的推移，这部分无法被满足的需求就会越来越明显。

关乎自尊、自信感受的创伤体验多半被储存于人们的认知脑中。在过去的经历中，人们认知到的周围的人对他们的评价，比如老师说"你太笨了"，会逐渐使他们形成一个对自己的评估和认识，让他们觉得自己不够聪明，于是就会很不自信。

这三种创伤在创伤机制及其存在方式，与人们情感、思维、身体感受之间的关系等方面都是有区别的，所以仔细地了解自己的经历和创伤的细节十分重要。只有这样，人们才能理解自己需要获得怎样的治愈和修复。人们在认知层面上的创伤需要对认知方式和思维模式进行矫正；人们在关系依恋体验层面上的创伤需要对关系有新的体验和领悟，也就是再养育（reparenting）；而人们在关乎生命安全层面的创伤则需要拥有长期支持性的安全的关系和环境。

如果把创伤类型做成一个光谱图，大概如图 2-3 所示。

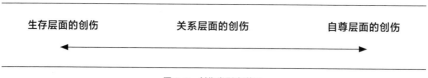

图 2-3　创伤类型光谱图

光谱是一个连续性的图谱，各个点之间不是分离割裂的，而是延续相关的。以光谱图表现创伤类型，比如家庭暴力这种类型的创伤，就是介于

生存和关系层面之间的：既有对生命基本安全威胁的创伤，也有对依恋
与情感情绪的创伤。越是亲密的人际互动对人的影响就越大，所以，如
果一个创伤经历来自亲近的人，就会给人带来更深刻的影响。

如果从创伤的来源做分析和区分，该光谱图如图 2-4 所示。

比如，来自父母的评价会对一个孩子影响比来自一个亲戚的评价大
很多。

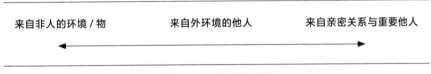

来自非人的环境 / 物　　　　来自外环境的他人　　　　来自亲密关系与重要他人

图 2-4　创伤的来源光谱图

通过这些光谱图，你可以开始尝试定位自己的创伤经历的层面和类型。
这可能会帮助你找到理解和疗愈创伤的方法，比如，当你发现你的创伤
是关系层面的，那么你探索和修复的方向就是建立更健康亲密的关系；
如果你的创伤是自尊层面的，那么更加有效率的探索和修复的方向是调
整和矫正你的自我认知。当然，这些分类相对笼统，每个人的成长经历
和创伤的细节都不一样，疗愈创伤的关键往往就在那些细节的体验之
中。本书的一些例子也许能够帮助大家找到探索的方向。

第三章

来自家庭内部的危险

家庭暴力是一个频繁出现在社会新闻中的词语，是指发生在家庭内部的更有权力的成员对更弱势的成员进行的肉体或精神上的暴力和控制。它是一种对人的关系体验破坏性极强且普遍的创伤，因为家庭暴力发生在家庭内部互相依赖的成员之间，隐蔽性很强且很容易长期重复，受害者要求助、脱离和复原都有很大的难度。

强迫性重复：伤我最深的人，为何我却难以离开

在生活中，很多人都会发现一个奇怪的现象：有些人总是离不开对他极为糟糕的、暴力的另一半。在受到伤害时，他们声泪俱下、痛下决心这次一定要分手，但过不了多久，他们就又会回到那个人的身边。离不开对自己施虐的亲近的人，是一个比我们预想中普遍得多的现象。

西方文学史上有一桩著名的公案：女诗人西尔维娅·普拉斯（Sylria Plath）之死。普拉斯是 20 世纪最优秀的美国诗人之一，才华横溢的她，却因为情感创伤过早地结束了自己的生命。为什么她宁愿结束自己的生命，也无法和过去斩断联系呢？

西尔维娅·普拉斯去世时只有 31 岁，留下了两个年幼的孩子和几卷潦草的

手稿。正是这些手稿里的诗歌让她成为文学史上一颗耀眼的明星。每个读过普拉斯的诗歌的人都会为这位早逝的天才感到惋惜。

年轻时的普拉斯是一位天才学生，她的智商高达 160，从小就展露过人的写作才华。从著名的史密斯女子学院毕业后，她获得了"富布赖特计划"的资助，考取了剑桥大学。也就是在剑桥大学，普拉斯遇到了那个永远改变她人生轨迹的男人——特德·休斯（Ted Hughes），一位同样才高八斗的英国诗人[①]。他们很快相爱、结婚，并且抚育了两个孩子。

这听起来本是一段天造地设的爱情童话，出乎意料的是，这段婚姻开始不久就触礁了。休斯不仅有多段婚外情，而且总是贬低、不尊重普拉斯。普拉斯在第二次怀孕时就曾因为休斯的家庭暴力而流产。一年后，当普拉斯发现休斯再次出轨，并且出轨对象是已婚女房东时，两人最终离婚。5 个月之后，抚养着两个小孩的普拉斯在自家的公寓中自杀。

特德·休斯却在和普拉斯离婚之后与那个已婚的女房东，即同为诗人的阿西娅·韦维尔（Assia Wevill）住到了一起。同居后，阿西娅怀上了休斯的孩子，但休斯没有和阿西娅结为夫妻，而是很快开始了和另外两个新情妇的

---

① 后来他还获得了英国诗人中最高的荣誉称号"桂冠诗人"，历史上只有十几个人获此殊荣。

关系。在得知普拉斯自杀后，阿西娅开始觉得良心不安，并且开始出现精神失常的征兆。普拉斯死后 6 年，阿西娅也以自杀终结了自己的生命，还带上了她和休斯 4 岁的孩子。

普拉斯和阿西娅的自杀并没有妨碍休斯的正常生活。休斯不仅获得了无数荣誉，还牢牢掌握着普拉斯所有未出版内容的控制权和所有出版作品的版权。我们无从得知在人生最后的日子里，普拉斯到底想了什么，她和休斯之间究竟发生了什么，因为休斯销毁了普拉斯最后一册日记。

很明显，不论从哪方面看，休斯都是一个感情中的捕食者、加害人。可是，面对一个这么糟糕的伴侣，普拉斯在情感上为什么无法选择和他一刀两断呢？

部分答案就藏在普拉斯的原生家庭中。她的童年是不幸的，在她去世 4 年后，我们才有机会读到了她生前没有发表的诗歌——《爸爸》(Daddy)。从这首诗歌里可以看出，普拉斯的父亲在她童年时给她留下了深刻的阴影。她的父亲是一个暴力的男人，给她带来了很多身体和情感上的伤害。在诗中，普拉斯把父亲的影子投射在了特德·休斯的身上，她甚至直接把他们看成了一个人的两面。这首诗以普拉斯对父亲的控诉开头，以父亲和丈夫的结合为高潮，最终在她的毁灭中收尾。这首她生前写就的诗和她的整个人生就像平行时空般一一对应，其中的深味让人不寒而栗。

为什么人会离不开伤害自己的人呢？普拉斯的案例体现了"强迫性重复"概念。每个人都多多少少像强迫症一样想去重新体验创伤的经历，很多行为和关系选择不能简单地被"趋利避害"或"追求快乐，躲避痛苦"的理论解释。

强迫性重复就像你不小心踏入了一个陷阱，并在其中受伤了，你很费力才爬了出来。当你再看到一个类似这个陷阱的地方时，你却会想要踏进去试一试，想看看这个陷阱是不是真的很可怕，自己是不是更有能力来克服这个场景。

比如，一名小女孩有一位特别严苛的父亲，他极少给予她表扬和正面评价。小女孩长大以后，她反而会被与父亲类似性格的男性吸引，甚至会选择这样的人作为伴侣。为什么呢？因为小孩不会明白自己得不到正面评价并不是因为自己做得不够好，而是由于父亲过于严苛。小孩永远都希望得到父母的积极关注和评价，所以在他们的心里，一直存有这样一个幻想：如果我做得足够好，父亲就会改变他的态度，如果他真的改变了，我就会得到极大的幸福和快乐。

由于童年的这种模式，当她再一次遇见一个很少给予她正面评价的人时，她的这种幻想机制就会被勾起来。她甚至会产生一种"重燃希望"的感觉，幻想也许这一次，自己就能通过努力改变那种不被认可的场景，可以重新掌控自己童年时无力的状况。生命早期的体验总给人带来强烈的情感感受，当被给予"第二次机会"时，人会感受到强大的吸引力。人们似乎都希望自己能够当自己的治疗者，抓住"第二次机会"来修复自己的创伤，弥补遗憾。

但是，很多类似情况并不是因为她做得不够好，而是对方本来就是一个不善于正面反馈的人。无论她怎么努力或表现，对方都很难改变，她却会再次像小时候一样，体验那种无力和无助感。事实上，最好的修复自己创伤和弥补遗憾的方式不是再进入一段相似的关系去改变，而是相信这一切不是自己的问题，并选择构建真正包容、支持性的关系。

这个过程反映了很多人重复进入相似模式的原因——强迫性重复。

在所有强迫性重复的关系模式中，重复进入躯体暴力关系无疑是最有害也最危险的一种。很多没有经历过家庭暴力的人不理解：为什么这些受害者不直接离开这种有害有毒的伴侣或环境呢？事实上，家庭暴力给人带来的不仅是身体上的伤害，更多的是精神上的剥削和恐惧。

经历过家庭暴力（尤其是在人生的早期阶段）的人，几乎都会有"自体破碎"的体验。所谓自体破碎的体验，是指那些让人感到极度恐惧、羞耻、焦虑、使人无法自主行动、对人的自尊产生极大冲击的崩溃体验。而家庭暴力绝对是带来自体破碎体验的显著原因之一。

试想一下，如果威胁自己生命安全的人是自己最亲近的人，是自己依赖和寻求保护的对象，那么这种情况会让人产生多么复杂和困惑的感受：我到底应该逃离这个人还是应该向他寻求保护？我能逃到哪里去？我可以反抗、攻击他吗？如果我反抗、攻击他，自己会不会受到更多的伤害？连最亲近人都会让我感到危险，那么还会有其他人让我感到安全并且会保护我吗？我怎么知道外面的人不会这么做呢？

当事人的这种不安全感不仅会在家中出现，还会随着他的成长和发展被带到学习和工作的社会环境中去，给他造成普遍的人际功能损害。

研究显示，亲密关系中的暴力有着一定程度的成瘾性。一种常见的情况是，亲密关系中的施暴者在施暴后会产生愧疚感以及对失去关系的恐惧感，所以他们往往会做出各种各样的"甜蜜"行动去补偿被害者。这样被害者就会认为原来这个关系还是有希望的，自己在受伤之后还可以得到自己想要的温柔的、被呵护的感受，因此双方又进入一个蜜月期。很多被害者在这个阶段甚至还会反省自己，认为是自己的问题才会让施暴者在关系中表现出暴力倾向，从而以更讨好的姿态与施暴者继续相处，直到下一次暴力出现。

深刻地觉察和清醒地感知这种重复模式是至关重要的，这是脱离强迫性重复的第一步。

另外，能够离开重复伤害自己的关系还需要自身认为自己具备力量和资源。比如，对普拉斯来说，她没有自信和资源认识到自己可以拥有更加安全的关系，因为她的父亲就是那样暴力地对待她的，她很难体验到更好的关系。她没有看到自己的力量，虽然用了很多年，她最终还是离婚了，离开了这段关系。普拉斯虽然已经动用了自己的认知资源和情绪能力去避免再次体验暴力经历，但在此基础上，普拉斯还可以继续进步，去改善和获得更好、更安全并让她受到更多保护的关系。遗憾的是，她当时没有来得及看清这一点，没有意识到自己的能量，所以她失去了信心，以为自己无法得到真正的爱情和更好的关系，最终绝望地放弃了生命。其实，如果当时她能多得到一点帮助和支持，一切就会有所不同。

家庭暴力：为何人际交往中很难控制愤怒情绪

28 岁的 J 先生来做心理咨询的原因是，他在日常工作交往中很容易感到愤怒，虽然他和别人发生冲突的事件并不多，但他非常担心自己会与他人大打出手，从而导致严重的后果。他无法建立起任何亲密关系：与父母的关系十分疏离，在工作中与同事和上级相处也让他感到十分困难。童年时，他与母亲曾遭受父亲较为严重的家庭暴力，他一直认为"做什么事都需要小心翼翼，不然就会有严重的后果，甚至生命受到威胁"。

J 先生有着现实层面的担忧和焦虑，针对这种情况，在深入挖掘他的早期历史或复杂关系前，先帮助他在比较现实且基础的层面分析和改善问题是很重要的，所以基础的咨询目标是减轻 J 先生在工作关系中的情绪焦虑。

J 先生在现实层面的议题是难以控制愤怒情绪，以及担心与人发生冲突。当我"就事论事"地与 J 先生讨论他最近人际交往情景中的现实矛盾和感受时，我很快找到了一些较为可行的改善方式。

J 先生最近一次感到愤怒是因为一个职位比他高半级的同事在吃完午饭后把垃圾留在了他的工位上，他感到格外愤怒，甚至想要和他打一架。他把自己的感受描述为"感到一股热血涌上头，脑子里充满了愤怒，别的什么想法也没有了"。

我与 J 先生详细讨论了这个过程，挑战了他的"自己脑子里除了愤怒什么也没有了"这个想法，发现他之所以这么愤怒，实际上是因为他认为这个比他高半级的同事平时就对他颐指气使，他对此非常不满。当他发现对方饭后把垃圾留在他的工位上时，他坚信对方是在向他表达鄙夷和挑衅。事实上对方是不是真的在表达鄙夷和挑衅呢？后来 J 先生回忆，那天中午有个紧急会议，大家吃饭时都很着急，所以对方有可能是真的忘记了，并且对方之前也没有过类似的行为。

家庭暴力对一个人最负面的影响，是让他在成长过程中无法习得健康有效的人际沟通方式，而只学会了暴力的应对机制，这种应对机制在正常的人际关系中会让人显得可怕和无常。J 先生之所以会产生与对方打一架的想法，也是由于他的早期经历使他认为，生气、不满和冲突这些正常的人际状况意味着，一定会发生肢体冲突，而一个人应对肢体冲突的唯一方法就是反抗和逃跑。

在 J 先生的记忆深处，一直有一个非常可怕的场景："当时我应该是八九岁，爸妈不知道因为什么又吵了起来，我爸当时对我妈大打出手，我很担心我妈，所以就想去劝我爸，但他看到我更加暴怒，从厨房拿出菜刀，威胁说我再不滚回房间就要砍死我们。"

这就是 J 先生体验到自体破碎的时刻。

后来这个场景无数次地在 J 先生的脑海里浮现，即使在成年之后，他也会时不时地想起这个场景。这个记忆会让他从现实中抽离，沉浸在一种悲伤且愤怒的情绪之中。他意识到这一点非常困扰他。J 先生的父母对他学业方面的要求也很严格，他记得自己小时候，如果作业有任何错误，母亲就会用尺子打他的背，这让他每次写作业都要"绷紧神经"。

在交谈中，J 先生经历了一个漫长的探索过程，回忆当时发生了什么，以及他在那段经历中有怎样的情绪体验和情感感受。J 先生不仅需要清楚地回忆当时发生了什么，还需要理解自己当时有怎样的感受，以及自己会基于这种感受对人际关系产生怎样的理解和需要。

在此过程中，J 先生逐渐领悟过去的家庭关系和经历对自己的影响。比如他之所以在领导面前紧张，可能是因为他对成长过程中感受到的父母对他严苛的要求的移情。在他的认知中，凡是权威人物都会不留情地批评、惩罚他，即使现实并非如此。

父母的教育方式使得 J 先生极度缺乏自信心，即使他已经做得很好，也会怀疑和批判自己。这是 J 先生在童年时为了避免体罚而建立起的防御机制。在童年时，他这样做也许能够保护自己，使他免受一些皮肉之苦，但是到了工作环境中，这样的防御机制却让他举步维艰，对批评的恐惧使他无法顺利完成工作。

当 J 先生能够从创伤感受中获得一定程度的复原，心理力量恢复到更好的水平时，他就能在现实关系中停下来思考：我的上司真的在无情地批判我吗？也许他只是就事论事地提出工作要求，也许自己应该更客观地理解工作要求，更多地认同和肯定自己。J 先生因为工作关系的苦恼来寻求帮助，最后却发现问题其实存在于自己早年和父亲的关系中。在深刻地理解了这一切后，他慢慢地能够在工作关系中保持较为平稳的情绪状态，更加客观、积极地评价自己的工作表现。

一般来说，女性对于家庭暴力反应的外显性没有男性那么强①，但是家庭暴力也会使她们产生很明显的情绪和人际问题，只是大多数女性更倾向于内化处理这些问题。

晓佳因为找不到合适的恋爱对象、无法建立良性的工作关系前来咨询。工作中，让她一直很苦恼的问题是，她有一个十分强势的上司，常常要求她做很多额外的工作，并且对她的工作十分挑剔。但是，即使晓佳知道上司对自己工作的苛责是不合理的，她仍然会十分害怕。她不敢为自己辩解，只会说"我知道了，下次一定注意"。这样的事情常常发生，她感到很压抑。

在了解晓佳的成长经历时，我们得知她有一位十分严格的父亲。小时候令她印象深刻的一件事情是，当她写作业不小心把笔画写出了田字格时，她的父亲会比她先发现，然后猛打她的头，并且质问她为什么那么粗心大意，警告她下次不许犯错。每当这时，她都默默地噙着泪水将作业重新写一遍。

---

① 比起经历过家庭暴力的男性，女性更少表现出愤怒、暴力倾向等症状。

她曾经试图反抗父亲的要求，得到的却是更严厉的体罚和批评。她回忆自己的过去，感觉自己没有一次能成功反抗父亲。

晓佳在大学时期曾经试图追求一名男生，但是过程并不顺利，她不敢向对方表白，并且每当感受到自己的暗示有任何被拒绝的可能时，她都会表现得非常伤心和脆弱，导致关系无法继续下去。比如，有一次约会时，晓佳表达自己需要去上厕所，她观察到对方皱了一下眉头，因此就猜测对方内心可能很不耐烦，很有可能会对自己发怒，她为此感到很恐惧，觉得对方不适合自己。在之后的约会中，她也常常遇到相似的情景。她总是带着担忧和恐惧：对方会不会觉得我不够漂亮？如果我拒绝一些暧昧的行动和表达，对方会不会觉得我无趣就不理我了？但是，如果不拒绝，对方会不会觉得我轻浮？更让她困扰的是，如果自己不小心做了什么让对方不高兴的事情，对方会不会对自己很凶？尽管她常常感到极其孤独并且渴望亲密关系，却很难找到合适的对象。

晓佳的问题在于，她很难在不感到恐惧和被打断的情况下确定自己是谁、想要什么，以及如何以适合自己的方式满足自己的需求，建立让自己真正舒适的关系。在成长的过程中，她一直将自己定义为一个他人要求和标准的服从者。她抱着这样的想法，在工作和学业上，即使感到不舒服，也可以得到不错的成绩；但在亲密关系方面，这种他人要求的服从者和满足者的自我定位并不能帮助她获得满足感。当她开始与异性相处时，她与父亲的关系模式就会被激活，对方任何让她感到陌生或困惑的行为都会让她觉得害怕，使她觉得自己的行为是有瑕疵的，从而使她的自尊心受到极大伤害，所以她很难持续地留在一段关系之中。

通过对晓佳亲密关系模式的探索，我们发现：因为成长过程中的暴力干涉，晓佳的"自我同一性"一直没有很好地建立起来。所谓自我同一性，是指一个人的情感、需求、能力、内部动力达到一个相对一致的状态，这样这个人才会感到自己是协调的、和谐的。晓佳的自我同一性没有很好地建立的原因就是，她的情感需求和她的能力及内部动力之间没有得到良好的统一。情感上，她需要的是温和与包容的亲密关系，但是由于她的成长创伤，她把自己的内部动力用在了逃脱令她害怕和焦虑的关系上，而她的能力主要用在了满足权威对她的要求上，因此她无法将足够的动力和能力用在一段情感关系里，也就没有足够长的时间来验证一段关系是否真的适合她，她可能会因此错过原本健康、包容的亲密关系。

晓佳需要实现如下成长：认识到亲密关系中的自己或他人并不像小时候的作业那样，可以用"好"或"不好"来判断，也不是所有人都会像她的父亲一样，严格地要求和惩罚她，建立和维持关系需要更大的弹性和更多的沟通过程。

在了解了自己内部的矛盾之后，晓佳开始勇敢地探索自己在人际关系里的可能性。她依靠自己的观察得出一个结论：原来每一次上司冤枉她时，她都会选择像小时候一样不还嘴，上司反而会坚定地认为她就是错了，从而变本加厉地指责她，而当她能够正当地维护自己、表达自己的处境和需求时，上司反而会让步。

晓佳经过各种类似的人际关系实验后，感到自己的勇气逐渐增加了，并开始意识到自己有能力维持一段有冲突的人际关系——她可以为自己的意愿和需求发声，而不是只有逃跑和离开这一种选择。在有了这样的领悟之后，晓佳的自我同一性被更好地建立起来了，她的内部动力和她对自己能力的认知能够匹配她的情感需求了。她逐渐尝试进入一段深入的亲密关系，最终找到了一个符合她情感需求的、对她温柔而包容的伴侣。

总而言之，对于有过家庭暴力创伤经历的人来说，要实现创伤修复和人际成长，最核心的两个方面是避免强迫性重复与重建自体感和自我同一性。前者是指要避免像西尔维娅·普拉斯那样，被相似的有暴力和惩罚倾向的人及关系吸引并幻想自己可以改变对方。后者是指要像晓佳那样，重新认识自己与这个世界的关系，建立更健康的自我认知。他们需要体验到，在人际关系里，自己不能为了躲避暴力惩罚或满足他人情绪的要求而被异化，而可以根据自己的情感需要和信念自由选择和行动。

第四章

早期养育缺陷与亲密关系

一个人在成长过程中看似会经历无数人际关系，实际上对人有深刻影响的关系几乎只有原生家庭关系和亲密关系。只有在这样一些个体能真正依托放置自己的内在需求的关系中，那些内心深处埋藏的对于关系的理解和感受才会浮现。养育关系的体验奠定了一个人对于关系的基础体验，养育关系中好的部分会作为构建亲密关系的基础框架被吸收，而那些匮乏和有缺陷的部分则会令人恐惧和防御，给亲密关系的建立带来深远的影响。

在爱情中"被骗": 早期养育创伤对人的影响

创伤经历对人有一种潜在且深刻的影响，即部分经历过某类创伤的人，会在日后寻求关系时把关系机械地分成具有某种创伤可能性的类型和不具有某种创伤可能性的类型。

这种"二分法"似乎有利于人们避免经历相似的伤害。比如，一个小女孩看到，在父母关系中母亲是照顾者，父亲是被照顾者，但之后母亲被父亲抛弃了，所以这个小女孩下定决心"自己决不能成为一个关系中的照顾者"。在她成年之后，如果有人表示，希望尝尝她做的美食，她就会很警觉并且讨厌这个人。又或者，一个自幼感到被忽略的男孩，下定决心要找一个对他十分关注、体贴的伴侣，则任何在关系中让他感到被忽视的人，比如不能及时回复他发送信息的人，都会被他"立刻否决"。

这种对关系类型机械分类的做法，究竟会对人际关系产生怎样的影响？

吉娜第一次来到咨询室时，是与一位男士一起来的。虽然我很好奇他们之间的关系，但我没有直接问，而是希望她在感到舒服时主动提起。

吉娜留着卷曲的短发，身材小巧，带着一种令人怜惜的气质，眼神里似乎有种迷茫和躲闪。她来咨询关于恋爱关系的困惑。她感到自己找不到一段互相信赖的亲密关系，即使进入一段恋爱，对方也对自己挺好，她也无法与这个人一直在一起。过不了多久，她就会解除这段关系。

之后，吉娜用了十几节咨询的时间和我谈论了她的成长经历和感情历史，这揭开了她困惑的来源。吉娜出生在一个有 5 个孩子的家庭，她是其中最小的一个。在成长过程中，她总感到自己是被忽略的那一个。父母的经济条件很一般，家里常常需要靠救济度日，所以每当有好吃好玩的东西，兄弟姐妹们都会去争夺。在她的记忆中，争夺资源已经成为一种习惯，她也不会为此有太多抱怨。但让她伤心的是，她的生日与一个姐姐的生日只隔了几天，所以大人们每次都会让她和姐姐一起过生日，让她和姐姐分享同一个生日蛋糕。并且因为她年龄小，所以得到的生日礼物常常不如姐姐的好。这件事让她非常伤心，使她感到自己只是父母众多孩子中的一个，感受不到自己是特别的存在。

经济上的贫困还不是最糟糕的部分，最糟糕的是情感上的忽略和伤害。吉娜的父亲常年酗酒，喝多了就会大发脾气，甚至对她的母亲大打出手。吉娜的母亲无法反抗这种关系，于是选择了逃离，常常一消失就是一两周。这让孩子们常常担心，妈妈会不会某一天再也不回来了。

就这样，吉娜在对父亲的恐惧、母亲的担忧及与姊妹的竞争中长大。虽然在家里得不到关注，但是吉娜可以从别的地方得到这种"自己是特别的、被关注的"的感受。从16岁开始，她就与一些"来路不明却很酷"的人一起玩乐。在她眼里，这些人认为她很特别，尤其是一个叫杰斯的青年。

在那时的吉娜眼中，杰斯是初中以后就辍学"做生意"，靠自己的能力独立生活的、有魅力的男性。他常常会带她去餐厅吃饭，并且送她的礼物是"这是我在精品店看到，觉得很适合你"的礼物。这些对她来说是前所未有的幸福体验。她当时深深地相信，杰斯就是她的真命天子，是给予她幸福的、命中注定的爱人。16岁的她心无旁骛地爱并崇拜着他，也十分乐意为他付出，尽可能地做着杰斯指派给她的每一项工作。其中包括给一些客户送货的工作，虽然她不清楚这些货物是什么，但也从没有因此怀疑过杰斯。因为，杰斯确实是她在生活中遇到过的对她最好的人，他怎么会害她呢？

后来，杰斯提出了更过分的工作要求。吉娜终于忍无可忍，开始拒绝工作，这时她却得到了可怕的回应：杰斯的拳头。她几乎是在暴力和杰斯对她的生命威胁下继续这份"工作"的。

即使被这样恶劣地对待，吉娜也在忍受了好几个月以后才决定逃走。她逃走时甚至仍然带着对于"失去爱"的遗憾。直到今天，吉娜坐在了咨询室里，她都对这段经历感到十分困惑：她以为自己得到了爱，但得到的是更悲痛的经历。直到我带她回顾这段关系，她才在震惊中反应过来：原来她遇到的根本就不是什么真爱，而是一种控制和剥削。

即使杰斯在欺骗吉娜的感情，但对当时的吉娜来说，这也已经是她得到过的最好的"爱"了。与其说吉娜没有意识到杰斯的欺骗与利用，不如说缺爱的吉娜不敢面对和承认这一点。

吉娜这种情况就体现了创伤对人在选择人际关系时的"二分性"影响。吉娜在亲密关系中会把人单纯地分为"关注我的人"和"忽略我的人"。这种二分法，使得她在很多时候忽略了影响关系的其他重要因素，比如对方是否诚实、正直、守法等。对于关注的强烈渴望，让吉娜对杰斯那样的情感捕食者产生了一种很盲目的爱。杰斯表演给吉娜的形象非常符合她的理想伴侣设想，他那么关注她，尽力满足她的日常所需，弥补了她孩提时最缺乏的体验，这甚至让她在很多原则性问题上退步了。情感上得到的满足让她难以理性地思考她的选择。

吉娜之后的情感关系也一直保持着用自己的价值和屈服交换"爱"的模式。因为她最想要的是关注和照顾，所以她也愿意为此表现得顺从。对吉娜来说，别人对她顺从的夸赞也是一种认同。因为在吉娜的成长过程中，父母从来没有在她取得了好成绩时夸奖她努力，也从没有人在她帮助树上的小猫时夸奖她善良，所以她并不知道如何辨识什么是"好的认同"，什么是巧言令色，只要是认同，她就照单全收。

早期关系创伤带来的对关系的"二分性"理解，在某种程度上会蒙蔽人们，使人们变得混沌。

之所以关系中的创伤会造成一个人的低自尊和低自我价值感，使人产生这种"二分性"观念，很大程度上是因为人们对"需要"和"爱"的混淆。当一个人在成长过程中没有获得认同时，他就会失去基本的辨识能力，对于他人给予的"爱"照单全收。这正是吉娜虽然在以她的方式努力辨别她想要的关系，但是始终没有得到一种真诚的、无条件的爱的原因；这也是她虽然一直渴望关系，却无法与一个人做出相伴一生的承诺的原因：她对真正的爱的匮乏感，无法被一种充满利用的需求关系填满。

杰斯给她的不是爱，因为杰斯限制了她的人身自由，也不尊重她的决定
和感受。

吉娜在进行心理咨询的过程中逐渐认识到自己的真实需求——尽管那是
一种令她感到陌生的、没有得到过满足的需求。

对吉娜来说，她的成长目标不仅是从二分的识别关系的方式中脱离出
来，更是学会如何辨识真正的爱，如何爱自己和他人。吉娜最终决定离
开当时的伴侣。她上了大学，并且在学习的过程中遇到了一位与她一样
爱好摄影的同学，之后她和他进入了一段稳定而专一的亲密关系。在这
段关系中，吉娜能够感受到对方对自己真正的关注：把她当作一个特别
的个体，尊重她的喜好和意愿，最重要的是，当他们有的想法不一致
时，对方不会试图用任何现实或情绪的手段控制她。

很多人以为爱是人天生的能力，是每个人自带的功能，事实并非如此。
爱是一种高级的情感、一种艺术，是当一个人满足了自己的基本需要之
后才会发展的能力。当一个孩子出生在这个世界上时，他很需要父母对
他无条件的哺育、保护、照顾、尊重，并且满足他对生存、安全和依恋
的各种需要，这样他才能健康地成长。如果这些基本需要没有得到满
足，孩子虽然也会长大成人，但是在始终寻求那些没被满足的原初需

要，并可能把这些需要与爱混淆，导致他们即使受到很多伤害也无法得到自己真正想要的爱。

爱是自由与尊重的"孩子"。在此次咨询中，吉娜最重要的领悟是"会一直记得，如果一个人不给我自由，让我去做我不想做的事情，或者不尊重我，让我觉得自己没有价值，那么他给我的就不是爱，我不会与那样的人在一起"。吉娜不再像以前那样盲目地渴求爱，而是获得了感受和思考的能力，能够去判断一段关系是只满足了自己混沌的需求，还是有更清晰的尊重、承诺和付出。这大概是一个人在寻求亲密关系的过程中需要具备的最重要的能力了。

忽远忽近的亲密关系：两种对于原始恐慌的防御反应

与重要的人分离的恐惧是一种深深根植于人们内心的存在性恐惧。在儿童发展的早期阶段，当客体恒常性还没有被建立起来时，像"爸爸妈妈去上班了"这样短暂的分离也会给儿童带来很大的恐惧感。因为在那个阶段，儿童无法理解父母只是换了一个空间存在，之后还会回来，他们在心中会以为父母消失了，看不见也摸不着了。

在成长的早期阶段，一个人对于分离的体验会对他的人际关系产生很深远的影响，甚至塑造他今后人生中的人际关系模式。

神经心理学家贾亚克·潘克塞普（Jaak Panksepp）指出，在亲密关系中，人会有两种对于原始恐慌的防御方式：

1. 为了从重要的人那里得到肯定和安慰而变得依赖

2. 为了保护自己内心的平静而变得冷漠、回避和退缩

前文中的吉娜就是使用第一种防御方式的人，她非常需要关系的存在，即使对方已经伤害了她，她也不会选择离开，而是更加努力地去贴近、讨好、确认自己在对方心目中的存在。当然，后一种防御方式也普遍存在。

在精神分析理论中，有亲客体和疏客体两种概念。有亲客体倾向的人偏向于接近重要的人，觉得与可依靠的人紧密相处会给自己带来安全感。有疏客体倾向的人，和别人靠得太近时则会产生不安全感和焦虑感，保持和他人之间的距离可以给他们带来安全感。这也可以解释为什么同样是在面对关系中的分离时，人会有不同的反应。当然，有些人会兼具这两种倾向，只是程度上有所区别。但是，这两种倾向中的某一种如果变得特别极端，就会对形成亲密关系造成很大的困扰。

小玫是一位事业有成的女性，能够创业并且亲自参与公司管理，但在她的自我认知之中，"我是留守儿童"是一个非常显著的自我认知。在她3个月大时，父母就留下她去外地打工了，她一直在爷爷奶奶的抚养下长大。爷爷奶奶虽然对她也不错，不会让她挨饿受冻，但是他们并不了解这一代小孩的成长需要。虽然父母会定期给爷爷奶奶充足的抚养费，但是爷爷奶奶在必需品以外的消费上非常谨慎。小玫记得，当时和她一起玩的小伙伴都有一种电动小赛车，当她向爷爷奶奶提出请求时，他们以"这是没用的东西"为由拒绝了。

对小玫来说，这个玩具不仅是用来娱乐的，更是一种融入同辈社交的工具。在很长的一段时间里，周围小伙伴们的课余活动都是聚在一起玩小赛车，而她只能在一边看着而无法加入。类似的事情还发生过好几次，比如别人都有了滑板车而她没有；别人都有了电子宠物而她没有，等等。时间长了，身边的小朋友会对她说"你每次都借我们的玩，你自己去找爸妈买去"，然而她的父母不在身边，这让她感到十分无力。她也曾尝试和爷爷奶奶提出这样的要求，但是都被不由分说地拒绝了，当时他们根本没有能力共情和理解小玫的人际社交需求。

小玫在咨询室里表达了很多对爷爷奶奶的愤怒：他们为什么对我那么小气，让我被周围的人瞧不起！实际上，她的主要人际创伤并不源自她的爷爷奶奶，而源自她缺席的父母——无数的案例和理论让我们明白，隔代的抚养不可能衔接孩子成长中的人际需求，即使爷爷奶奶再努力，也很难填补父母的缺席。

小玫对爷爷奶奶的愤怒，实际上是一种对父母不在场的无力感的防御：毕竟，了解她的社交需求并且满足她的物质需要的人应该是她的父母。但她无法对父母表达愤怒：他们在家的时间那么少，对她来说，逢年过节他们在家时已经是难得的好时光了。父母在与她短暂相处的过程中也会给她零用钱、给她买衣服、玩具，以弥补平时的缺席。这些当然让她更无法直接对父母表达失望和愤怒，而只能对平时没有直接满足她要求的爷爷奶奶感到愤怒了。

对小玫来说，她的创伤不在于"爷爷奶奶拒绝给她买玩具"这个表面现象，而在于"爸爸妈妈没有关注她的需求"这个根本原因。所以，小玫在成年以后的人际关系里常常没有安全感。她和好几任男友都是异地恋，虽然她自己觉得这并不是一个问题，但是在潜意识层面，她在重复童年时的经历：长时间地分离，以及短暂相聚时高浓度的快乐和幸福。

在小玫的世界中，与人相处的感受被显著且抽象地一分为二了：与人长期相处时感到不被理解和不满足，以及与人短期相处时感到额外的满足和快乐。她在潜意识层面有这样一个想法：只有与人长期分离，偶有相聚时，才会有好的体验。这就是为什么她选择进入的亲密关系都是远距离的，她很难相信朝夕相处的关系也可以令人满足和快乐。

经历了几段失败的异地恋后，小玫在心理咨询中意识到了自己的这一模式，并开始做出调整。她开始尝试和日常生活中有可能长期相伴的人发展关系，并遇到了可以朝夕相伴的男朋友，但她又遇到了一些苦恼。有一次，她向我倾诉，为什么近距离的关系往往也会有远距离的感觉？比如，对方有时几小时后才回复她的信息，这让她感觉自己被忽略了。又或者，当和对方约会共进晚餐时，对方并不总像自己理想中那样为自己体贴地拉椅子，这也让她觉得很失落。每一次遇到一些让她不满的事，她的反应都是十分回避的：她会明显地表现出失落和沮丧，不想说话，想要离开当时的场景。有几次，她甚至离开了正在吃饭的餐厅或离家出走。

在真实的关系里，有时忍受那些不好的部分是让一个人感受到好的部分的基础。在一段朝夕相处的关系中，人是无法做到像短时间团聚那样情绪高昂、互相积极关注的。一段持续性的关系中允许存在冲突和矛盾，冲突和矛盾也可以在关系中被弥合和处理。小玫却从未体验过这种关系。在她的记忆里，每一次对父母产生不满、失落和愤怒的情绪，都以她还在气头上而父母已经离开的方式收场。那些不满和失落的情绪立刻被转化为离别的不舍和悲伤，从来没有被真正看到和处理过。

很多时候，人们以为自己的行动是在追求幸福或者逃离痛苦，实际上却是在追求熟悉的、重复的、已知的模式——虽然有些不舒服，但至少自己经历过这种情况，不会出现超出预期的情况。熟悉往往让人有安全的错觉。对小玫来说，"分离"是父母带给她的既伤痛又熟悉的感受，所以她下意识地用逃离的方式来处理关系中的冲突和矛盾。因为当矛盾和冲突发生时，她不知道继续和对方相处、继续对话后会发生什么，会不会发生更严重的事情并且会伤害到自己，所以她宁愿选择一次又一次地重复和父母的关系模式，用离开来回避矛盾。

但是，这样的处理方式反而给对方造成了很多困惑，对方甚至还不明白究竟发生了什么，她就已经夺门而出，她也没有给对方任何解释的机会，这使得两人的关系无法改进和修复。小玫意识到自己反应机制的来源后，当冲突再次发生时，她就能开始和自己对话，提醒自己正在发生什么并不断告诫自己，关系中的不满和矛盾不是只能靠离开这一种方式处理。当她能够慢下来，允许自己暂时留在冲突的场景之中时，她慢慢发现，原来伴侣愿意陪伴她一起去探索问题的根源，而不会轻易离开，而她之前很恐惧的部分并没有那么可怕——这就是她所需要矫正的体验。

爱的艺术：去识别自己在关系中所恐惧或回避的

艾瑞克·弗洛姆（Erich Fromm）在《爱的艺术》里谈到，爱不只是一种强烈的感情，还是一种决定、一种判断、一种承诺。他反复强调，爱不是很简单、很常见的，也不是每个人天生就会处理的事情，而是需要很多思考、体验和练习才能逐渐领悟和掌握的一种能力。

很多人与吉娜和小玫一样，虽然在其他方面很勇敢，但却因为早年在关系中的受伤体验，没有习得妥善选择关系和处理矛盾冲突的方式，从而对亲密关系采取胆怯、回避的态度。

识别自己在关系中恐惧或回避的具体部分非常关键。有时，爱的艺术也是一种取舍的艺术：知道自己可以接受哪些不完美、需要关注哪些高质量的部分。在亲密关系中，常见的恐惧可以被分为以下 8 种：

1. 被抛弃

2. 被攻击、迫害或虐待

3. 被忽视

4. 自我价值被否定

5. 发生冲突

6. 被误解和误会

7. 被挑剔和指责

8. 被贬低

与这 8 种恐惧相对应，人们在亲密关系中普遍渴望的部分大致可以被
分为：

1. 亲密和被陪伴

2. 被保护

3. 被关注

4. 被欣赏和赞同

5. 一致和同频

6. 被理解和倾听

7. 被包容和支持

8. 被尊重

对于前文的吉娜而言，她最害怕的部分是在关系中被忽视和自我价值被否定，所以即便她在关系中受到了伤害和剥削也不会拒绝和离开。而小玫采取的行动表明，她最害怕的是关系中的冲突，所以即使冒着失去一段亲密的关系、失去被理解和倾听的机会的风险，也要回避冲突。

但是这种选择并没有让她们真正摆脱困扰，因为她们虽然采取了一些行动、避免了自己最害怕的事情发生，但她们在避免痛苦的同时也失去了其他珍贵的东西。在没有经历过相似创伤的人看来，这种在亲密关系中的取舍似乎是难以理解的，但是对于有过类似创伤经历的人来说却非常合理。很多时候，一个人在关系中"害怕的"和"想要的"之间会有很大的冲突，所以他们在亲密关系中的很多选择，其实是在"害怕的"和"想要的"之间取舍。

去识别和体验自己在关系中最恐惧的部分、最执着和匮乏的部分，重新理解和评估自己在关系中的选择，是人们最终实现爱与被爱的基础。如果人们发现自己在关系中因为一些恐惧而放弃了大量自己需要的部分，那么这种恐惧和回避就需要被处理。同样，如果一个人因为一些匮乏的经历而对一些渴望太过执着，以至于他们在关系中遭遇了很多负面体验也不选择离开，那么这种强烈的执着也需要被处理。

一个人只有超越了执着于自己、以自身的需要和恐惧为中心的关系，才可能得到真正的爱。因为只有那样，人们才能真正感知对方的感受和体验。审慎地区分欲望、恐惧、控制、交换、执着、同情等情感或行为和爱之间的区别，是一个人成长过程中至关重要的体验。这些情感或行为并非不好，只是和爱不是等价的，人们只有超越了这些情感或行为才能看到，并不是没有爱，而是自己把价值交换误认为爱，所以感到关系很功利；并不是没有爱，而是自己以为在关系里获得全然的控制是被爱，所以在关系里感到被推开和拒绝；并不是没有爱，而是自己把合理的边界误认为拒绝，所以感到没有人会爱自己。

如果一个人把恐惧或需求和"爱"等价，就很容易"对爱绝望"，认为美好的爱的体验是不存在的。事实上，爱是恐惧或需求的反面：爱是克服恐惧和自发地付出。弗洛姆说过，童稚的爱，是"我因被爱而爱"；成熟的爱，是"我因爱而被爱"；不成熟的爱宣称"我爱你，因为我需要你"；成熟的爱宣称"我需要你，因为我爱你"。总之，一个人要想获得真正美好的爱的体验，需要深刻地领悟：爱不是小朋友装在口袋里的糖果，不是通过索取或交换的方式就可以获得的东西，而是一个人在自己的体验、成长和感悟之中逐渐生发出的能力和艺术，而当你真正拥有爱的能力时，会获得比需求的满足和恐惧的消除有力得多的关系和生命体验。

第五章

死亡与丧失带来的创伤

人的一生是一个不断衰悼的过程：生命本身就是从经历创伤开始的。一个婴孩从母体中分离，母亲和孩子就在共同经历和体验流血受伤的过程。对于一个刚刚降生于世的婴孩来说，认识世界的过程也是不断体验创伤的过程：原来我不是这个世界的中心，原来我无法获得父母所有的关注，原来我无法控制周围的环境。

一个不得不承认的事实是，人们终有一天会失去所拥有的一切，无论是童年心爱的玩具布偶，还是珍贵的伴侣爱人。实际上，人们所追逐的、给人们带来安全感的"永恒"根本无法存在于一个人的生命之中。即使人们用尽全力去葆有，也无法敌过终极的力量——死亡。

死亡就像地平线上的山峦，在并不能准确估量远近的地方等待着每一个人。有人选择不去看它，盯着脚下的路和手边的忙碌从而忘记它的存在；有人无法忽略它，终日盯着它而惶惶不可终日；也有人接受它，知道那是最终的归宿。无论人们怎么看它，地平线上的山峦都坚不可摧地矗立在那里，不会移动也不会消失。

哀悼原来如此漫长：与他人之间的玻璃罩子渐渐消失

简是一名在肿瘤专科医院工作的执业护士，她的工作是配合医生帮助患者康复，或者尽量延长患者的寿命。在一段时间内，简陷入了抑郁，因为和她一起工作的医生告诉她，某篇学术文章里提到：很多罹患恶性肿瘤的患者，即使被治愈了，预期寿命也不会被延长太多。他们最后即使不会因为肿瘤去世，也会因为其他原因走完自己的一生。每个人的寿命就好像命中注定一样，医生能改变的其实很少。

那位医生只是随口感叹，简却感觉自己工作的意义受到了强烈的冲击，简异常愤怒，和那个医生大吵了一架，并且指责他的态度过于消极。之后，她一直感到这种愤怒没有消散，觉得自己的职业价值和理想被否定了，她感到生活开始变得乏味，这也是她决定尝试心理咨询的原因。

对简来说，作为护士帮助患者康复是自我价值感的核心来源之一。简选择成为一名护士和她的成长经历有很大的关系。她的母亲在她 16 岁时罹患肿瘤去世了，而在那之前的两年，简一直都是那个悉心照顾母亲的女儿。当时家中经济状况不好，无法给予母亲最好的治疗，这也是她心里一直以来的遗憾。她一直相信，如果母亲能够得到更好的医疗照护，就能更长久地陪伴她。抱着这样的信念，她一边打工挣钱一边努力考上了护理学院，经过多年的努力终于成了一名执业护士。简感到自己的人生价值得到了极大的实现，因为她能够给那些像她母亲一样受到疾病折磨的人提供医疗帮助。每一次病人离世时，她都会感到很沮丧。

在与简的交谈中，我们谈论了大量关于死亡的话题，也谈论了大量关于她的工作的话题——她是如何努力挽救生命的。这个过程其实揭示了一个重要信息：简对母亲的哀悼一直没有完成，她现在几乎在用自己的全部生活持续地哀悼母亲。虽然在他人眼中，简是积极生活、积极工作的典范，她对工作的投入和热情令人称道，但实际上，她的生活除此以外几乎一片空白：没有亲密关系，也没有兴趣爱好，每日忙于工作。她几乎不会让自己停下来，对自己的生活也欠缺照顾，大量喝咖啡、饮酒，甚至还吸烟。

她的生活本身成了对母亲哀悼的延续。当她年少时，母亲的过世让全家人十分崩溃，父亲因此陷入抑郁，还有妹妹需要她的支持和照顾，她根本没有时间和机会释放自己的悲伤以完成自己的哀悼。那时的她一心想着如何积极向上，渡过难关，现实条件也不允许她终日垂泪自怜。失去母亲的悲伤感被压抑在心中，却在行动层面上表现了出来。她几乎从不和其他人讨论这件事情，也从未因此号啕大哭，而一直在用行动默默呼喊：我不接受，我要改变——她从未真的接受过母亲去世的现实。

未完成的哀悼对人的影响是巨大的，它会把哀悼者带到一个生者和亡者之间的模糊地带：哀悼者虽然生活在现实生活中，却难以真正投入真实的生活和关系。亡者无法复活，也无法被替代，而未完成的哀悼对人最大的影响就在于，生者会下意识地去尝试改变亡者离开的事实，或者在现实生活中寻觅一个一模一样的人。

一个失去重要他人的人，通常会经历以下 5 个非常重要的哀悼阶段。

否认

否认是哀悼的第一个阶段。当痛苦的丧失发生时，人最本能的反应是"这不可能，不会发生这样的事情，一定是骗我的"。这也是为什么很多经历过亲人离开的人在第一时间感受不到悲伤或难过，仿佛一切照旧。

愤怒

愤怒是人对恐惧的防御性情感。比起否认阶段，愤怒至少可以让经历丧失的人在情绪上有所表达："为什么世界这么不公平，让这件事情发生在我的身上？""为什么我要被抛弃在这个世界上？""发生这样的事情，一定是哪里出了问题，不然就不会这样！"

协商

协商像一种去和"更强大的力量"进行交换的心理过程，比如，"如果老天能让他活过来，我一定再也不和他吵架了""只要他能活下来，我愿意付出自己 30 年的寿命"，好像这种和自己的对话可以换来一些希望和掌控感，也许自己做了什么或者付出了什么，事情就能发生变化。

抑郁

抑郁的感受开始于像否认和协商这样更富有想象力的防御方式不奏效的时候。经历丧失的人发现，无论自己如何幻想、愤怒，在想象中与未知的力量做交换，那个重要的人都不会回来了，于是就进入了抑郁的阶段。抑郁看起来是一个很负面的词语，但是它在某种程度上是真正接受现实的开始。在这个阶段，人们才开始真正感受不加掩盖的失去体验。在这个阶段，人们可能会倾向于内化自己的感受，减少社交甚至回避人际关系，这是经历丧失的人表现出的一种很正常的状态——除了自己，没有人能理解自己的痛苦，所以只能自己一个人默默地消化处理。

接受

在这个阶段，人开始真正接受失去重要他人之后的世界和人生，不再试图挣扎或改变这个现状。在这个阶段，人能够合理地理解失去这件事的必然发生，能够感受到即使失去了一个重要他人，仍然有很多积极的回忆和体验留在自己的记忆中，关系的能量并没有消亡。也许有时，那些痛苦、孤独、不甘也会再度浮现，但是最终生存下来的人总能带着过去的记忆，平和地生活在这个世界上，并且开始在现实生活中建立更多的支持性关系。

虽然哀悼要经历如此漫长的 5 个阶段，但它是人继续发展和成长的重要条件。如果没有完成哀悼，人就可能被卡在某一个阶段上，很难继续自己的生活。比如简，由于母亲离开时特殊的家庭环境，她没有机会和空间真正地去表达自己的情绪情感和哀悼母亲，所以她在很长的一段时间里都停留在潜意识层面的否认阶段，只是这种否认升华为动力，促使她不断付诸行动，最终成为治疗者和拯救者的角色。而她的同事医生向她指出，无论人如何努力都抵抗不了死亡的时候，其实是戳破了她的否认防御机制，所以她开始进入愤怒的阶段。这种愤怒看似打破了她的平衡，让她失去了原本平和的生活和心情，但实际上这也是一种进展，时隔多年，她的哀悼终于能够进展到下一个阶段——愤怒和冲击让人很难受，却是完成哀悼过程必不可少的一步。

很多有着"未完成哀悼"议题的人都没有意识到自己在重复地做着两件事：第一，寻找与自己失去的相似的关系和人；第二，强化自己认为可以挽回失去的人的行为。这两件事隐藏在日常生活的很多举动中，就像简总是在寻找和母亲相似的"患者"，付诸行动去救治他们一样。人们重复地做这两件事，本质上是为了回避直接面对自己生命中重要他人无可挽回的离开。只要把注意力都投注在"实际行动"上，就不会有多余的精力和情感来哀伤。

对于经历过重要他人离开的人，平复创伤、直面哀伤的核心在于建立新的、真正亲密的人际关系。丧失对人最重大的影响之一是，让人感觉原来一切重要的关系都难免会终结，从而沉浸在悲伤之中，损害他们重新建立有意义的人际链接的动力和能力。从自体心理学的角度来看，很多心理问题产生的根本原因在于患者年幼时与抚养者关系的不健全，患者内心渴望的发展受到了阻碍。而抚养者的死亡是一种最根本的缺失，所以带来的发展阻碍也是最大的。但是，这种受阻的内心渴望会在一个安全、协调的关系中重新启动，这就是新的人际链接对于经历过重要他人去世的人的意义。对简来说，她需要的关系是让她能够体验拯救者、照顾者以外的身份的关系，她需要体验曾经大量错失的作为女儿被照顾和被关注的感受。

要认识到这一点，对于简来说非常不容易，因为这就意味她的理智、情感都要接受自己的母亲是真的离开了、不可能再回来了的事实，而她需要继续自己的生活，找到对她来说真正现实的、可以支持她的人际关系。对她来说，这是一个十分陌生的过程：放下内心的执念，承认自己总是在硬撑（而这样真的不舒服），以及相信新的人际关系可以给她带来安全感和幸福感。承认这一点让简进入了一段"抑郁"时期，但她也静下心来，思忖医生同事的话语，意识到这些话语不是在否定她，其中也有很多部分可以帮助她解放自己的心。她向这位医生同事道歉，并且得到了原谅和理解，两人以此为契机建立了更深刻的关系。在这段关系中，简第一次向人倾诉了自己失去母亲的童年经历，令她惊讶的是，对方也有着非常相似的失去亲人的经历，所以可以很好地理解她的感受。这种体验对于简来说是至关重要的，她第一次意识到原来自己不是在孤独地经历整个过程，也有人能够理解其中的艰辛和困难，并且这个人还能够带着伤痛继续成长。这位医生朋友告诉她，其实自己当时会发表那一番言论，也是由于经历了丧失的体验，这是他多年沉淀后发出的一句感慨，甚至他当医生也和这种失去息息相关。只是多年过去，他领悟和接受了生命中的许多无常，开始允许自己轻松地面对这些沉重的改变。

从那以后，简感到自己和其他人之间那层仿佛玻璃罩子一样的东西渐渐消失了，她发现，原来自己可以不是那个一直扛起所有压力、默默拯救别人的人，自己也可以接受别人的支持和帮助，也可以脆弱。即使幼年时照顾她的母亲已经不在人世，她在这个世界上也不是孤独的。新的、真实的关系令她感到欣喜并充满生命力，因为这种互动是双向的，可以给予她充分的反馈，这给她本就极有韧性的生命增添了许多活力。

哀伤陷阱：失去重要他人，如何走出痛苦

Facebook 的首席运营官、著名职场读物《向前一步》的作者谢丽尔·桑德伯格（Sheryl Sandberg），曾在加州大学伯克利分校的毕业典礼上，讲述了自己面对和处理丧失的经历：在丈夫突然去世后，她逐渐从巨大的悲伤和打击中恢复，继续她的事业。谢丽尔和她的丈夫曾是一对非常恩爱的夫妻，丈夫是她最重要的伙伴和伴侣，他们相濡以沫，所以丈夫的去世给她带来一种难以想象的痛苦。她感到自己的世界缺失了至关重要的一部分，有了一大块空白，她形容自己当时"被浸没在悲哀的雾霾之中，空虚和痛苦侵入我的心肺，让我无法呼吸和思考"。然而她逐渐认识到，自己余生需要接纳已经失去曾经至关重要的一部分的事实，并要把很多看起来"不完美的选择"纳入自己的生活。

她举了一个例子，在丈夫去世后不久，有一次她的儿子有一个需要父亲参加的学校活动，她为此感到很崩溃。她的一位男性朋友提出，可以陪她的儿子一起去，但她表示自己真的非常想要孩子的父亲参加活动。她的朋友表示，非常理解她的愿望，但是这个选项已经不存在了，她需要做的是接受这个第二选项，这也是她后来的著作《另一种选择》这个书名的由来。

没有人可以一生顺遂，不遇到困难、逆境和痛苦，事实上，人们一生中经历"发生在自己身上难以想象的失去和苦难"的概率并不低。所以，人们只有拥有一定的心理弹性才能在这个世界上存活下去。

当人们面临痛苦和逆境时，很容易陷入以下三种"心理陷阱"：个人化（personalization）、弥散化（pervasiveness）和永久化（permanence）。

个人化的意思是，当一个人遇到一种困难或逆境时，过多地责备自己，把原因归结为自己的过失。困难和逆境往往都是多种复杂因素导致的，有的困难和逆境甚至完全超出个人能力掌控范围，比如亲人过世、生病、行业趋势变差，等等。但是，人们很多时候会倾向于过多地责备自己：亲人过世一定是因为自己没有照顾好他们，没有给他们更多的关注；生病一定是因为自己平时没有好好注意各方面的健康生活方式。但他们没有意识到，其实很多事情都是超出任何个人的预测和控制范围的，比如生老病死或大环境的变化。而这样责备自己，不仅对情况的改善毫无益处，还会进一步打击自信和自尊，让自己感觉更糟糕。所以，当一个人处在困难和逆境中时，很重要的一点就是评估和监控自己的自责水平，提醒自己要更客观、理智地看待和接纳生活中不可控的部分，不要过度责备自己。

弥散化的意思是，其实困难和痛苦只出现在一个人生活的某一个方面，但他却难以自拔，让这种痛苦弥漫到生活的方方面面。一位重要他人的离开的确是一种巨大的痛苦，但不管影响有多么巨大，这都只是生活中的一部分。弥散化让人对痛苦的体验有一种"加成"效果：本来只是生活某一方面的苦恼，却使一个人在生活的其他方面都无法投入和体验快乐，痛苦当然就成倍增加了。当面临重要他人的离开，人们也许可以尝试提醒自己设置一些"隔离带"，在一些情形中不去思考和感受那种痛苦。比如，不把这种困扰带到约会或者和孩子的相处中去，这样能让人们更快地恢复。

永久化的意思是，一个人在内心认为某种困难和逆境是不可改变的，会永远存在。这种想法往往存在于人的潜意识，并且会一直萦绕在人的潜意识中。亲人离开这个事实，会让人感到非常绝望，人们会因此减少社交，减少参加各种能带来生活乐趣的活动。在这样的情况下，人就会感到生活更加空虚，会更加为亲人的离去感到悲伤和痛苦。通常，这种情况会形成一种恶性循环，形成一个自证预言：看，这件事情果然是不可改变的。永久化的想法很容易让人自我设障，让本来经过一段时间的忍受、坚持和接纳就可以得到改善的事情变得难以被改善。

如果你发现自己处在失去重要他人的痛苦逆境之中，也要记得常常提醒自己，不要陷入以上三种扩大和加深自己痛苦的"心理陷阱"，不要让痛苦无止境地消耗自己。

死亡焦虑：注定面对的恐惧

体会死亡和体验生命是无法分割的一体两面的：当我们谈论死亡时，其实我们在谈论如何更好地活着。在列夫·托尔斯泰的著作《战争与和平》里，皮埃尔眼看着排在他前面的几个人被行刑队执行了枪决，而他死里逃生。他本来过着浑浑噩噩、毫无激情的生活，在此之后却像被打了强心针一样开始充满热情地生活。

17 世纪，欧洲的上层社会非常流行收藏虚空派（Vanitas）风格的画作，这些画作中总有一些固定出现的物品：骷髅头、沙漏、凋零中的鲜花和钟表，有的画作上还会直白地写上拉丁文 memento mori，意为：记住，你终有一死。画家创作这些画作的目的就是提醒人们生命短暂，应该珍惜。

每个人都有意识或无意识地在生活中用自己的方式面对终将一死这个概念。然而，这个概念对一些人来说是格外可怕、陌生和难以接受的，甚至产生症状和心结，阻碍了自己当下的生活和关系。

菲利浦是一位活力四射、很有潜力的年轻人。他在生活中非常积极努力，总是不懈地追求学业和事业上的完美，"超越自己"是他的口头禅。但是近年来，他开始被一种身体症状深深地困扰着。有一天，他在赶往一个会议的路上，突然感到自己无法呼吸、心跳加速，像是心脏病发作一样，有了濒死的体验。周围的人被他的表现吓坏了，叫了救护车将他送到医院。到了急诊室，医生为他做了全面的检查，却发现他的身体完全健康，没有任何问题。他本以为是工作压力太大导致的偶然状况，但这却成了他痛苦的开始。一开始，这种症状总是猝不及防地出现，后来他开始对这种症状本身感到恐慌，在夜里睡觉前总怀有强烈的恐惧感。他越恐惧，这种症状就越容易出现，每天睡前的时光变成了他最难安定的时刻。他开始害怕睡觉，并因此去看了精神科医生，变得只有在服用药物的情况下才能勉强入睡。

菲利浦从小就有一个坚定的信念：一定要成为一个伟人，只有这样才不负此生。一方面这是他父母对他的期待，另一方面他认为自己有这样的能力和潜质。他自幼就能感到母亲是多么需要他变得卓越和成功——当他取得了优异的成绩，母亲就会对他十分温柔、热情，而当他的表现得不尽如人

意时，母亲就会对他冷若冰霜。在惊恐发作的症状出现之前，他感到自己
的生活一直很顺利。他认为应当把主要的精力放在学业和事业上，花时间
谈恋爱可能会影响自己的学业和事业，所以他虽然有过发展恋爱的可能性，
但他主动拒绝了。

如果仔细分析菲利浦的情况就会发现，他的很多症状都与潜意识中的死
亡焦虑相关。

时间的紧迫感与过度追求成就

如果我们观察周围的人就会发现，每个人似乎都有着自己的时钟。有的
人不疾不徐，而有的人总是十分慌张，就像菲利浦一样，总是害怕自己
有未完成的事情、赶不上什么节点。的确，生活中有很多不同的时限和
节点，每个人都会面对的、一个统一的时限和节点就是死亡，我们拥有
的所有时间就是死亡降临前的时间。

从一些伟人、名人到周围的普通人，再到我们自己，多多少少都在追求
一些"不朽工程"。埃隆·马斯克为什么要发送一台载着自己模型的红
色跑车去宇宙？司马迁为什么在身心都受到迫害的情况下还要坚持著书

立说？沙滩上的 5 岁小孩为什么要完善沙堡的最后一角才恋恋不舍地离开？为什么很多人非常渴望有自己的后代，希望自己的孩子能与自己相似，甚至继承自己的事业，并称之为"传承"？

其中很大的动力大概就是对抗自身必然的消失——死亡。人们希望在自己的肉身已经不存在于自己本来的环境之后，留下一些证据和迹象表明自己存在过，不会那么轻易地被从这个世界上抹去，在潜意识里用自己能够做到的方式追求着"永生"和"不朽"。

很多时候，人们认为追求成功似乎可以解决一切问题。不够自信——如果自己努力学习考上了更好的学校，超过了所谓的别人家的孩子，是不是就可以拥有自信了？恋爱关系出现问题——如果投入工作获得了更高的薪水，是不是就可以找到更优秀的伴侣了？和父母的关系出问题——如果获得更大的成就，衣锦还乡，或许就没有人能指责挑剔自己了？人们在这些信念的误导下，日复一日、年复一年地追求着所谓的成功。菲利浦也是如此认为，因为他的母亲是如此盼望他能获得那种巨大而惊人的成功。自幼，他的母亲就告诉他，事业成功是多么重要，如果他作为一个男人不去获得事业上的成功，就会像他的父亲一样唯唯诺诺、没有尊严。在菲利浦的内心深处，他很担心母亲会像对待父亲那样冷漠和忽视自己。

睡眠障碍

失眠可谓是各种心理症状中最常见的一种，从抑郁症到焦虑症，再到强迫症或双相情感障碍，各类神经症的症状几乎都包括失眠。很多神经症的底层原因都是对某种状态、关系或状况的恐惧，而睡眠障碍又与死亡焦虑有着很紧密的联系。

和菲利浦一样，很多惊恐障碍患者的发作时间也是夜间睡眠开始之时。在他们的描述之中，每当时钟指向应该上床睡觉的时刻，在睡意袭来之前，一种莫名的恐惧和慌乱就会涌入他们的血液，使他们心跳加速、呼吸急促，仿佛被恶魔扼住了喉咙，下一秒就会失去生命。

各类焦虑症患者也会在睡眠之前产生高度紧张感，他们会回想自己这一天中的遗憾，比如没有做好的事情、没有说对的话、尚未完成的任务，而且他们回想遗憾的时间还会逐渐延长，从这一天到过去的时光，他们甚至会从床上弹起，为过去的尴尬懊悔或潜在的危险抱头痛哭，最终他们只能通过服用相关药物才能关掉脑中不断搜寻懊悔和危险的雷达。

睡眠的本质是停止进行任何防御。睡眠状态是一个活着的人最接近死亡的状态：当一个人开始睡眠，他就几乎切断了与外界的所有交互。绝大部分听觉、视觉、嗅觉和触觉都被关闭，即使在梦中有着丰富的体验，那也是一个人自己内部产生的。所以，睡眠也是一个人与自己真实相处的状态。当白天的防御被卸下，任务和事件都被隔离开，如果询问一个明显知道自己有死亡焦虑的人，他害怕什么，答案十有八九会是"害怕堕入一个空无一人的境界，再也没有人能够听到、看到自己了"。在现代社会里，一个很典型的"失眠拖延症"的症状是一个人在睡觉前无法停止刷手机上的社交软件，他用这样的方式让自己不断地接收外界信息，从而抵御睡觉带来的断开链接的孤立感和对死亡的恐惧感。

人际退缩

人际退缩和死亡焦虑是互为因果的关系。很多担心、害怕死亡的人其实是在恐惧与重要他人的分离。死亡意味着永远的分离，甚至有人对分离的回避到了宁可不建立关系也要避免分离体验的程度。但是，一个人越是从人际关系中退缩，就越是和这个世界断开了联系。从某种程度上讲，这就是一个非常接近死亡的存在状态。离死亡感受的距离更近了，死亡焦虑也就进一步增强了。

其实，死亡焦虑、过度追求成功及人际退缩是三位一体的关系。人际退缩的本质是自我否定和自我批判，一个人因为感到自己不够好，所以难以直面他人、与他人产链接。而这种自己不够好的感受，也同样会让人把过多的精力放在追逐世俗成功之上。就像菲利浦深深地担心，如果自己与他人建立了紧密的关系，对方也会带给他类似母亲给他的那种冷若冰霜的感受。

如果要用最直白的语言描述菲利浦的死亡焦虑和恐慌的原因，那就是"妈妈让我感到如此紧张，难以建立链接，如果我还没来得及获得她认为我必须获得的成功，并让她认为我是有价值的从而与我产生更深刻的链接，就没有时间了，我就死了，该怎么办"。从某种程度上讲，菲利浦的母亲让他没有"活着的感觉"。活着的意思是，一个生命个体本身的存在是被关注和被欣赏的，个体的特别之处是可以被看到的，而不会被工具化地赋予某种必须达成否则就没有价值的任务。

从存在主义的视角来看，一个人和一个物品的本质区别在于，一个人不是为了实现某种功能才被带到这个世界的。比如，之所以有杯子这个物品，是因为人的意志要求有一个用来盛水、喝水的工具，所以人们造出了杯子这一符合人们需求的物品。而人本身没有这个天然的功能。当有人认为人应该具有这种功能性时，就会发生悲剧，比如奴隶制和菲利浦的死亡焦虑。所以，一种很重要的体验是人感到自己可以自由地自我实现，自由地与其他人建立链接。

很多人会以为，惧怕死亡的原因是十分珍惜和热爱自己的生命。实际上，惧怕死亡和热爱生命并不是同义词，甚至是反义词。惧怕死亡往往是一种不够热爱、没有充分投入自己生命和关系的表现。虽然菲利浦在表面上看起来对自己的学业和事业充满了热情和投入，实际上，他产生这种行为只是因为他害怕失去和母亲的链接，并不是因为他真的喜欢这样的生活方式，这样的生活方式无法给他带来真实的"活着"的体验。对菲利浦来说，他真正需要的是一段能够允许他真实体验自己活着的感受的关系。人只有真正活过，才不会畏惧死亡。

菲利浦只有开始理解并体验到，只在乎他的成绩、成就的关系，让他感觉不到活着的真实体验，他所焦虑、害怕的其实不是每个人必然会有的结局，而是从未有过真正活着的体验时，他才会有动力离开那种只重视他的外在价值和功能的关系，转而关注那些可以看到他的真实情感，可以接纳他不去追求某种成功的人和关系。这些人和关系才是他可以用来抵御死亡焦虑的资源。

总而言之，应对死亡焦虑的根本方法就是尽情地、不留遗憾地去活，充分地以真实的自我和他人产生真正的人际链接。如果接受尼采的提问，如果你的生命将是一个"永恒轮回"，即你已经体验过的生活和现在正在进行的生活会在将来无数次地循环，你还热爱自己的生命吗，还是会认为"这太糟糕了"？也许，生命的真正意义恰好在于它的时限性，如果没有这种时限性，一切反而会变成无意义的折磨。以自己的实际行动和生活中的每一个选择去回答这个问题，并用这个问题去验证自己的生命质量，也是一种应对死亡焦虑的重要方法。

第六章

疾病带来的创伤体验

疾病是每个人成长过程中不可避免的体验。小到普通的感冒发烧，大到心脑血管急症、重症肿瘤，疾病带给人的身心体验是复杂而深刻的。在生病的体验中，我们不仅能感受到生理上的疼痛，还能感受到自己与身体的关系，体验到自己在脆弱时与他人的关系等，一个人如何看待和感受疾病，与他整体的生命体验质量息息相关。

生理疾病：传染疾病会让我无法生存和工作吗

小勤是一名非常优秀的大学生，她自幼成绩优异，凭借个人的勤奋和努力考上了名校，大学毕业后获得了难得的工作机会，她的经历看起来一直顺风顺水，但她却选择在这个时候来到了咨询室，原因是她难以面对入职前的体检这件事。

她对于自己是某种传染病毒的携带者这件事有非常复杂的感受。她的父亲也是这种病毒的携带者，这个话题在她的家庭里一直是伴随着一种紧张的气氛出现的。从小，她的父母就会告诫她，千万不要告诉别人自己是这种病毒的携带者，否则就会招致很严重的后果：有些人会歧视、欺负她，一些社会组织或团体也可能戴着有色眼镜看她，仿佛这件事一旦被别人知道，她的前途就会一片灰暗。她的父亲很回避这一事实，因为他因此经历过求职过程中的挫折，在他看来，为了保护女儿，不让她经历和自己一样难过的事情，一定要死死守住这个秘密。因为害怕会传染给别人，小勤也会尽量避免和其他人的亲密接触，别人约她一起吃饭，她也常常拒绝。

如今，她已经很难区分父母当初的话语有几分是为了吓唬她、避免她不小心告诉别人，有几分是他们真实的体验和感受，但是这已经深深地阻碍了她与他人交往、与这个世界产生链接的愿望和能力。虽然她表面上和很多朋友、同学、室友保持着友好关系，但她内心深处十分不信任这些关系，认为只要他们知道了自己的真实情况，她的友谊就会烟消云散。

带着害怕自己的"隐秘身份"被发现的恐惧感，她无论做什么事都会加倍努力，潜意识里希望用自己的努力和优秀来补偿缺陷并避免发生父母口中所说的可怕场景。但是，带着这个秘密，无论和谁交往，她都感受不到信任和安全。无论面对多么合得来的朋友，她的心中都有一个疑问：如果他知道我是这种传染病毒的携带者，还会愿意和我交往吗？他会不会像父母说的那样，立刻远离我、嫌弃我、向别人宣布这件事情？带着这样的疑问，她当然很难建立任何有深刻联结的关系。

小勤父母的话语里还暗藏着另一层意思：除了家人、父母，其他人都不可信、都不会接纳你。这一信念势必会对她从原生家庭中分化独立产生巨大的阻碍作用，并且泛化到身体疾病以外的范围。因此，她也没有勇气向别人倾诉疾病以外的烦恼和困难，觉得别人都会嫌弃她。从表面上看，她的性格开朗，和大多数人也合得来，不会轻易产生什么矛盾冲突，实际上没有人真正地了解她。即使是她认为很熟悉的朋友，也并不知道她经历的困难和挫折。

虽然小勤天资聪颖，在如此无助和孤立的情况下也成功地克服了很多困难，但是焦虑感会不时向她猛烈地袭来，尤其是她每一次面临重大人生转折的时刻（高考、期末考、重要演讲、工作面试等），因为她不会主动和别人深刻交流自己的困难与感受，所以自然也无法真实深刻地理解他人在这些情况下的感受和应对机制。父母虽然会开导和安慰她，但他们毕竟不能在她的学业、工作和生活里时刻陪伴着她。在她看来，别人都是十分轻松、毫无焦虑地去考试、面试、迎接人生重大挑战，只有她躲在阴暗的角落里恐惧着这一切。高中时，她就因为考试前会出现身体发抖、呼吸急促等症状被诊断为焦虑症，并且在医嘱下开始服药。在药物的帮助下，她的焦虑症状有所改善和减轻，但是她内心的恐惧模式并没有得到改善。

这一次面临入职体检的问题，她又体验到那种惊恐的感受。她害怕自己因携带这种传染病毒的事实被发现而被拒绝入职，那么她之前十几年刻苦学习的努力就都白费了。小勤的这种想法说明她对生活充满了悲观、绝望的念头，即使再找其他工作也一定会遇到同样的情景。

对小勤来说，来到咨询室里讲出自己的故事，就是治愈的开始。

对于生病这件事非常恐惧的人，往往是因为疾病会勾起他们三种难以接纳的感受：脆弱感、病耻感和对他人的不信任感。

对一些患有传染性疾病的人来说，疾病对他们的社会生活功能及人际关系造成的最大影响是病耻感和对他人的不信任感。在现在的医疗环境下，虽然他们清楚自己的疾病并不是像社会偏见认为的那样容易传染，也不会给别人带来任何负担，多数时候也没有给自己的生活造成任何不便，但是他们仍旧悉心隐藏着自己的疾病。很多传染性疾病患者在进行一种近乎残忍的自我隔离——预先假设他人是无法接受自己的，自己是不值得拥有亲密关系的，是会被他人嫌弃、排斥的，即使自己在现实生活里并没有真的经历过这些事情。

传染性疾病是最容易与现实生活的"罪行"隐喻相联系的一类疾病，被不公平地看作一种"声名狼藉的病灾"。令人痛心的是，的确存在这样一种系统性偏见，这有可能让患者在一些关系中受到冲击。很多患者为了避免这样的冲击而放弃了建立真正接纳自己的亲密关系的可能性，实在是非常可惜。患者会有这样的回避防御机制，从根本上讲，并不是他们的错：他们没有选择是否被感染的自由，也极难感受到人际关系中他人对他们真诚的接纳和理解。

要想消除传染性疾病给患者带来的心理层面的影响，最重要的一个部分是，彻底厘清疾病本身的影响和由疾病造成的病耻感及对他人的不信任感的影响。比如，对小勤来说，与其说她生活中的困难是病毒造成的，不如说是她认为没有人会接纳她的信念造成的。的确，任何人都无法避免来自他人的偏见和评价，但人们并不是一本打开的书，不需要所有人都来了解和接纳，重要的是找到和自己匹配的、能够接纳自己的那几个重要他人。为了做到这一点，最重要的是人们要在自己内心真正接纳自己没有做错任何事情。当小勤开始意识到这一点，不再被疾病带来的自责感和羞耻感困扰时，她就能够正视自己的情况了。她开始从内心真正相信医生告诉她的：正常的社交、亲密的举动并不会将这种病毒传染给他人，而她并不比任何人缺少建立关系、获得自己所需要的人际支持的资格。

意识到这一点后，小勤决定做一个勇敢的人际实验。她开始告诉周围所有的重要他人，自己是这种传染病毒的携带者。她不想再隐瞒自己的情况，她甚至告诉她的朋友们，她愿意接受和理解他们的任何决定，如果有人无法克服心理障碍、不能继续和她交往，她也可以接受。在做出这一举动之前，她给自己进行了很长时间的心理建设，一方面她很担心自己真的会因此失去很多朋友；另一方面她又觉得，不能接受真实的她的人离开也好，她只想和能够共情别人并且懂得基本医学常识的人做真正的朋友。

最终，对于真诚关系的渴望战胜了对失去关系的恐惧，小勤勇敢地完成了她的人际实验。令她意外的是，绝大多数朋友对此都没有表示惊讶，甚至有人会安慰她，在生活中里对她更加照顾。虽然她后来也发现有朋友默默疏远她，但这并没有自己之前想象的那么羞耻和恐惧。对她影响最大的事件是，有一个多年的朋友在知道她是这种传染病毒的携带者后，告诉她其实自己也是，并且带领她加入了一个致力于维护这种传染病毒的携带者工作和生活权益的小组。在那里，她学习并获得了很多应对不同情况的方法和获得资源的途径。她感受到自己并不孤单，她面对的很多难以和其他人讨论的事情都可以在这里讨论，比如对入职体检的担忧，她感到自己生活中的支持系统被大大加强了。

小勤的经历对很多疾病患者很有启发意义的一点是，直面和接纳自己的身体状况永远是比回避和抗拒更好的应对方式，只有这样，才能够获得真正的帮助和人际支持系统，拥抱真实的人生。

疑病与恐惧：我应该用多大力气来担心疾病

疑病症其实是人们日常生活中非常常见的一种心理症状，其普遍性可能远高于人们的想象。

在临床工作中，疑病症状常常和其他心理症状一同出现。

一般有疑病症状的人的焦虑水平也较高。现代医学检验的发展似乎也加深了人们对于保持完美健康状态的焦虑。当一个人完成年度体检，体检报告上精确到小数点后两位的数据显示他的身体在多大程度上健康运转着，任何指标超出"正常"范围，都似乎是一件值得忧虑的事情。

事实上，如果人们开始注意到这一议题，并开始就这一议题和周围的人交流，就会发现，只有极少人符合所有指标数值都完美的健康状态。

苏珊·桑塔格（Susan Sontag）在《疾病的隐喻》一书中对疾病做了一种社会精神分析的阐述。书里分析了各种疾病是如何一步步由一种生理状况被社会解读为道德标准的具象体现：尤其是肿瘤及传染性疾病，代表着一个人被逐出了"健康王国"，进入了"疾病王国"，这两个王国的公民势不两立。其实，每个人都是这两个王国的双重公民。桑塔格写这本书的动力，大概来自她经年累月与癌症斗争的人生——她人生的后几十年几乎都在和不同的癌症肿瘤搏斗。在她看来，使她痛苦的远不只疾病本身，更多的是社会加诸"疾病"一词的隐喻。让生病的人承担这些痛苦的隐喻是不公平的，要让可能生病的人（世界上的所有人）不再承受这种隐喻的痛苦，就必须让人们摆脱一种潜意识层面隐喻式的思考方式，"使疾病远离这些隐喻，似乎特别能给人带来解放和抚慰。要摆脱这些隐喻，光靠回避不行，它们必须被揭示、批评、研究和穷尽"。

苏珊·桑塔格写下这些文字，是为了给自己和其他有这些困扰的人以支持。为数众多的正在与各种精神和心理疾病搏斗、曾经经历重大疾病创伤或患有疑病症的人，他们对抗的不仅是自己的疾病和恐惧，还有太多来自外界的系统性的压力，要想对抗这种压力、得到支持，他们首先必须明白带来压力的究竟是什么。

阿森是一个看上去非常阳光和快乐的男孩。他来到心理咨询室甚至都会让人困惑：如此快乐的一个人为什么需要做心理咨询？实际上，快乐的外表本身就是他的困扰。在他的家庭中，精神疾病的阴影一直挥之不去：他的爷爷曾经患有精神分裂症，父亲年轻时也有过抑郁症和双相情感障碍发作的历史。他的父亲虽然后来一直靠药物将病症控制得很好，没有给生活造成什么显著的影响，但是他的母亲一直忧心忡忡，担心他会有什么心理或精神上的问题。从小，只要阿森偶尔显露出一些多愁善感或悲伤的情绪，他的母亲就会十分焦虑。比如，当他养的小鸟因病死亡，他开始流泪时，他的母亲就会很紧张地观察他的表情；当他连续几天都因为失去小鸟闷闷不乐时，他的母亲就开始很烦躁，并且劝他"千万别像你爸爸那样总是想那么多"。每当父母之间发生矛盾，母亲就会向他倾诉，自己为了包容父亲的问题是多么不容易，承担了多少压力。

为了不让母亲担忧和焦虑，也为了让自己不用负担和面对母亲的情绪，阿森开始学会伪装自己的情绪。他完全知道母亲心目中的"阳光男孩"是怎样的形象：他努力地参加各种运动，表现得性格外向、乐于社交，并且从不多愁善感。在这种表演中，阿森自己也逐渐困惑了：究竟什么才是他真实的情绪感受，他究竟是一个什么样的人。这种困惑把他吓坏了，他不知道自己是不是在胡思乱想，担心自己像父亲和爷爷一样患上精神疾病，所以才会来求助。

在所有疾病中，几乎没有什么比精神与心理疾病更被污名化了。法国哲学家米歇尔·福柯（Michel Foucault）在《疯癫与文明》一书中，详细阐述了这一污名化的社会历史来源："疯狂是一种文明产物，没有把这种现象说成是疯狂并加以迫害的各种文化的历史，就不会有疯狂的历史。"

像阿森一样，有很多心理和精神疾病患者的家人都有一个很明显的特点：很害怕自己被遗传精神疾病，在恐惧中怀疑自己也会像家人一样得精神分裂症、双相情感障碍、抑郁症等。而阿森的母亲，就被卷入了这种污名化精神疾病所带来的恐惧之中。仔细观察她的生活就会发现，其实直接源于丈夫的心理疾病的生活困难并没有那么多，但是对于自幼生活在母亲焦虑中的阿森来说，他没有办法区分哪些事情只是父母婚姻关系里正常的矛盾冲突，哪些事情是父亲的心理症状带来的问题，这种对于心理精神疾病的恐惧和焦虑就在生活中被大大泛化了：正常的宠物离世、朋友分别、考试失利等都会给人带来负面情绪和情绪低落的事情，阿森也不敢痛快地哭一场。

在阿森的记忆里，小时候看着家人要送父亲去精神科治疗是一件格外痛苦的事情。他的父亲非常抗拒这件事情，而其他家人总要或悲伤或愤怒地劝说他去，阿森对整个过程充满了惧怕和担忧。这让阿森对于去看精神科医生产生了非常负面的印象。

我们常常能在各种影视和文学作品里看到对于精神疾病、精神病院异化的描绘和充满偏见的呈现。事实上，精神心理疾病患者的确是很容易被排斥的。在某些时刻，一个人如果得了精神疾病，就不再是"人们"之中的一员了，如同桑塔格所说，就已经是"疾病王国"的居民，不再有资格进入"健康王国"了。人们似乎处在一个"理性的时代"，说一个人理性似乎是一种夸奖，而说一个人感性就有一些批评的意味，因此"疯癫"是一种很难被允许和接纳的状态。

很多时候人们会假设，精神科医院甚至心理咨询存在的作用不是帮助有精神或心理求助需要的人恢复、支持他们，而是把"与正常人不一样的人"隔离起来。这种隔离不仅给精神疾病患者带来极强的恐惧，也给正常人带来很大的精神压力，因为精神疾病似乎很难得到真正的帮助和治疗，只能得到隔离和排斥。但谁能保证自己一直"正常"？所以，在意识层面是去接纳、帮助精神病患者，还是去隔离、恐惧精神病患者，某种程度上是一个社会整体心理发展成熟程度的折射：人若恐惧、弱小就倾向隔离、排斥不同的人和事物，强大、勇敢就能够接纳、帮助不同的人。

精神科诊断的目的不在于给人贴标签，而在于找到最好的缓解痛苦和减轻症状的方式。比如，之所以要区分双相情感障碍和抑郁症，不是因为双相情感障碍就是一种比抑郁症"更可怕"的疾病，而是因为二者有不同的症状，所需要的药物调节方式也不同。很多精神分裂症患者也可以在良好的药物控制下正常地生活、工作，而"普通"的抑郁症如果不积极治疗也会严重影响患者的各方面功能，甚至导致生命危险。所以，如果一个人需要治疗和帮助却因为对于精神科诊断的恐惧和误解而回避治疗，是一件得不偿失的事。

当阿森尝试做心理咨询时，他最大的目的其实是获得一个来自心理咨询师的确认，确认他究竟是不是有问题，究竟是不是正常的。他非常希望能有一位专业人士给他一个"准确的判断"，他不敢相信自己对情感体验的判断。他其实暗暗希望，自己的心理咨询只需要做一次，得到来自心理咨询师的回答是他没有任何问题，这样他就可以放心地逃离心理咨询室（这个同样也会让他怀疑自己的环境）。但对阿森来说，重要的不是获得这样的一个标签或诊断，而是重新建立接纳自己负面情绪的能力，以及转变自己对于心理精神疾病的态度及观念。

对阿森来说，重新理解人和精神疾病的关系是十分重要的。精神疾病并不是一个罕见的情况，广义的精神心理疾病的终生患病率在 16% 以上，这与很多常见疾病（如高血压、糖尿病等）的患病率相似甚至更高。但是在阿森的印象里，似乎只有自己的家庭被精神疾病的阴影笼罩着，这成了一个孤独而羞耻的秘密。这种感受大大加重了他的心理负担。当他能够开始理解和接纳精神心理疾病，认为它也和生理疾病一样，是人无法控制和避免的情况，而不是因为患者本人的控制不良、有负面情绪而产生的问题时，他就能够开始尝试放松自己了。

实际上，很多心理问题的来源与人们的认识恰恰相反：不是表达了负面情绪，而是压抑了负面情绪。而压抑的情绪和心理需求会以各种不健康的、曲折的方式表现出来，这就是心理问题的本质。其实，一个人如果能够有勇气或受到了他人的支持，去直面自己生活的各种问题，就不会出现严重的心理问题。阿森面对的问题，就是父亲的心理疾病，直面父亲的心理疾病以及他父亲的心理疾病对家庭造成了一些影响的事实，是他生活中一个主要的议题。要接纳这一点并不容易。在他的印象里，父亲的心理疾病让他无法拥有很多和父亲愉快相处的童年时光，而一直在为父母的关系问题发愁。虽然不能说父亲的心理问题没有给他的家庭造成任何影响，但母亲对于父亲情况的担忧、恐惧、焦虑和没有信心其实是更大的问题来源，而这一点一直在阿森的成长过程中被掩盖了，因为从表面上看，母亲的情绪和担忧是更加合理的。

在阿森的心理人格成长的道路上，很重要的一点是重新定义和界定什么样的感受和情绪是"合理"的，是可以被接受和表达的。通过一点一点地自我探索、表达和澄清，他发现其实大部分被他恐惧或怀疑是"不正常"的情绪，都是非常正常、值得被理解和接纳的感受。这个认知极大地解放了他。

总而言之，去除对心理和精神问题的偏见是十分重要的。一方面，它们其实非常普遍，比人们想象中的普遍程度高很多，就像是精神上的感冒一样难以避免；另一方面，对它们的恐惧对人的生活、社交和心理造成的影响，远大于它们本身的影响。

疾病的表象：我们真的需要完美的健康与外表吗

著名作家大卫·福斯特·华莱士（David Foster Wallace）在《系统的笤帚》里插入了一个令人印象深刻的小故事，名为"双重虚荣症"。故事的男主人公患上了一种发展性的皮肤病，全身的皮肤会逐渐溃烂剥脱，同时他患有一种名为双重虚荣症的心理问题：他特别害怕别人感到自己是虚荣的，虚荣本身让他觉得羞耻。所以，如果他要去医治他的疾病，就意味着他很在意自己的外表，他在别人的眼里会变得虚荣。事实上，他又是"虚荣"的，他极其害怕别人发现他的皮肤病，觉得他不好看。

对他来说，面对这件事情唯一的方式就是掩盖他的皮肤病。他从穿覆盖皮肤更多的衣服到开始戴帽子、戴面罩，把自己越来越密实地掩盖和包裹起来，连他的女朋友也不知道他到底怎么了。直到最后他也无法坦白、无法积极地治疗自己的皮肤病，最终他离开了所有人。在这个小故事里，主人公一直在鞭挞自己的"双重虚荣症候"，似乎认为这是他的人格缺陷，但是可能这种人格缺陷存在的原因恰恰来自他对患病的羞耻感，而这种羞耻感和偏见使得寻求帮助、寻医问药变成了一件十分困难的事情。

有很多身患某种会对自己的外表形象有影响的疾病的人，会逐渐丧失与他人、社会的联系。但是仔细想想这些疾病的症状，不太可能真的阻止一个人去做他想做的任何事情。大概因为人们在潜意识深处，都默认（不仅是希望）自己的躯体应该是大卫那样的，不会有不光滑的皮肤，不会有无力的躯干。很多被归为人类艺术瑰宝的雕塑作品无一不体现了这种无病的完美。社会对人的形象的假设，其实很多时候都在给所有人类施压，要保持这种名为"正常"但实为"完美"的健康外表形象，实属不易。

传染性疾病、精神疾病、肿瘤，这些疾病在人们心中似乎是一种禁忌，好像一旦得了这些病，就离幸福的生活、正常的社交千里之遥了。实际上，真正拥有一个完全没有任何疾病的身体是非常难实现的事情，大部分人一生患上传染性疾病、精神疾病和肿瘤的概率非常之高，如果把没有这些疾病当成能够继续生活的基础，那么人能过上没有危机和恐惧的生活的概率就很低了。

最可怕的一点是，这种对于健康和外表完美的假设和要求，会让人对于展示自己的真实状况有羞耻心，阻碍人去积极地寻求帮助和治疗，这反而导致人的健康状况的真正恶化，这等于是牺牲了"里子"才能去维护"面子"，对于生病的人来说很不公平、很残忍。

作为个体，人们应该如何消除对疾病的偏见和羞耻感呢？

也许很简单，作为家人，当有家庭成员生病时，不要责备他"你怎么不好好注意身体"。

作为医疗工作、助人者，当面对求助的病人和来访者时，不要责备他"为什么不早点来"。

作为传播信息的媒体，去描述一种疾病和身体状况时，不要把它叙述为可怕的、可以摧毁一切美好的恶魔。

去仔细、审慎地区分一个疾病的内涵和它的表象，是一切的基础。会恐惧和害怕疾病是人类的本能，而恐惧和害怕往往会让人不加分辨地回避和逃离一些东西，使人从表象去判断疾病，从而失去了正确理解和应对很多疾病的能力。实际上，这对别人、对自己都是一个损失，让人损失了透过疾病的表象和面纱真正理解他人、建立真实的人际链接的机会。

每个人都会生病。也许并没有一个"正常"的标准定义，疾病和健康并不是非此即彼、非黑即白的两个概念。每个人都有自己独特的身体特点和健康水平，希望大家生病时都能被他人温柔对待，同时也能温柔地对待自己。

第七章

空虚与孤独

在如今的亲子关系中，家长很容易花费很大的力气去关注孩子竞争性和功能性的部分。会背几首唐诗？词汇量多少了？成绩好不好？专业好找工作吗？而却无暇顾及孩子那些情感需求：能够接纳自己吗？事业的发展方向和自己的内在兴趣匹配吗？感到自己可以被重要的人理解吗？从表面上看，前者似乎是对人更直接的评价和判断，但真正的人格成长和社会功能的可持续发展，却倚仗被充分滋养过的情感体验。

缺乏镜映的成长体验：你能看到我吗

祺宇在博士退学之后来到了心理咨询室。他原本在一个著名大学的物理实验室学习工作，但是在博士求学期间遇到了前所未有的困难。他感到自己其实非常不擅长一直以来学习的学科，觉得自己没有能力完成学业和实验，并且对工作环境感到很失望，所以即使他的家人都强烈反对，他还是顶着极大的压力退学了。

祺宇的父亲是一位大学工科教授，他一直认为自己是因为小时候被家庭条件耽误了才会学工科，只有研究数学、物理等基础学科的人才，才是真正的"顶尖"人才，所以他从祺宇小时候就开始送祺宇去参加各种物理培训和竞赛。祺宇从来没有想过自己是不是真心喜欢物理，但因为小时候参加了很多培训，的确在这方面更有优势，又经常听到父亲表扬他"我儿子就是天生学物理的料，有天赋、智商高"，所以他从来没有怀疑过物理是自己一生的发展方向。

在成长过程中，祺宇一直觉得父亲十分认可他，也给了他很多鼓励和支持，是少见的好家长。

很多时候，心理咨询室里会接待像祺宇一样的来访者，当他们被询问到童年的成长经历时，他们回忆说自己的童年很幸福，家人环绕，既不缺乏物理陪伴也不缺乏物质资源，但是会陷入莫名的空虚和抑郁之中。

对祺宇来说，要去谈论父母关系和在原生家庭中的成长经历似乎是一件很困难的事情。这种困难不像一些经历过强烈创伤的来访者很回避谈论自己的成长历史或者害怕触碰那些疼痛记忆，而是，他真的不觉得有什么好说的，一切似乎都挺好的。

他自己也会感到很困惑：到底哪里出了问题？他实在不觉得能从自己的成长经历和家庭环境中找到什么可能导致他心理问题的原因。为什么自己一直在很受鼓励和支持的环境中长大，还会得抑郁症？祺宇很爱学习，也看了很多心理学相关的图书，他看到书里写的都是小时候被忽视或者被打骂的孩子才会有这样的问题，但他并没有这样的经历。

然而，不知道说什么本身，就是一种关系模式的体现。当一个人被问到自己与重要他人的关系或重要他人的特点时，他的反应是"正常关系、很普通、都是很好的人"，这种没什么特点的感受，本身就是情感缺陷匮乏型创伤的重要特征。

想一想，一个人际关系模式良好、充满感情的人，即使提到普通朋友，也一定能说出很多动人的细节：他很幽默，他有一只很可爱的猫咪宠物，他喜欢到处寻觅美食，有一次和他吵架后花了很长时间才和好，等等。恰恰是这些细节的叙述反映了一种真实关系的存在。

在一个人的成长过程中，富有情感、意义感的自我感受要如何形成？其需要的不是丰富的物质和细致入微的照顾，而是"镜映"。

镜映既是一个心理咨询技术，也是人的一个本能。有一句网络流行语叫作"人类的本质就是复读机"，是指当人发现一个模式（可能是一句话、一首歌）时，会不断模仿重复它。这确实是人的一个本能，但也是有功能的：让人感受到其他人接收到来自自己的信息，自己被看见、被听到了。

所谓镜映，就是在一个关系中，一个人能感到自己像照镜子那样被看到、被映照的感觉。它不是一种聚光灯一般强烈的光芒照耀，而是一种平和、稳定的反射。物理上，人们无法直接看到自己的脸，需要一个镜子才能看到自己的样貌；心理上，人也有这样的需求，即通过另一个人的反应来看到自己。

试想当一个人试图去照镜子，想看一看现在自己的脸上有没有污渍，化的妆好不好看，或是想看看有没有受伤时，却发现镜子是黑的，无法映射出自己，那该是多么令人难受和害怕的场景。缺乏镜映的成长体验就像是一直面对着黑色的镜子一样，既无法确认自己的感受，也无法欣赏自己的特点，是一种格外孤独的体验。

祺宇在成长过程中就缺乏这种镜映。一种典型的他与父亲互动的状况是这样的：虽然祺宇真的很擅长学习物理，但偶尔也会考试失误，这时他的父亲就会非常理性地和他分析试卷中的问题，探讨答案。令他印象深刻的是，有一次父亲甚至非常理性、中立地说："希望我没有看错你，如果你只是一个庸人，学物理说不定就是害了你，没有天赋的人是学不了物理的。"物理仿佛成了祺宇心中的一座圣山，父亲的话语使他在山下踟蹰着，十分担心自己其实没有父亲口中的那种"天赋"。

在祺宇和父亲的关系中，情感体验的镜映是不存在的。在他们的沟通中，一切都以理性、成绩、智力为核心，而祺宇心中的那些害怕、担忧、渴望被认可的心情仿佛不存在一样被忽略了。

父亲的言语让他十分相信，只有学业、事业的成功才是最重要的，并且一个人能否成功，靠的都是先天的智力。所以当他进入竞争和要求都更高的博士阶段，发现自己无法轻而易举地做到那些被父亲认为是靠天赋做到的事情时，他崩溃了，感到自己遇到了前所未有的危机。在这种时刻，他也不知道如何在情感层面理解和安慰自己，或者和周围的人沟通自己的压力感受，因为对于他来说，那是一种十分陌生的体验。

其实很多时候，祺宇的父亲在做的并不是一种真正的鼓励和支持，他对于祺宇的培养是缺乏镜映的，也就是说他其实并没有真正看到祺宇是怎样的一个孩子，而是把自己的愿望和自恋投射在了祺宇身上。他的夸奖和鼓励不是基于事实或者祺宇自己的兴趣爱好，而是基于自己对于孩子的想象和满足自己自恋的期待。很多进行心理咨询的人会感到，也不知道咨询师具体做了什么，好像咨询师也没有给出很深刻的建议或意见，但就是感觉好了起来，其实就是咨询师一直在贯彻镜映这件事。

镜映是一种十分中性、平和的反应，不是父母追着孩子让他喝水吃饭，不是夸大孩子的感受，更不是缩小孩子的表达，而是恰如其分地反馈等量的、相似的、和孩子内在体验一致的感受。

比如，一个小孩在学校考试中得了第五名的成绩，被老师表扬了，他兴高采烈地把这件事告诉爸爸妈妈，爸爸妈妈的哪一个反应是镜映呢？

a. 不要得意忘形，前面还有四个人，骄傲使人退步！

b. 嗯，还不错，再接再厉。

c. 你的努力得到了回报，这么开心，我们也为你感到开心！

d. 哇，真是太棒了，你真是个天才，遗传了爸爸妈妈的基因就是不一样！

答案是 c。镜映的核心与客观事实（考了第几名）关系不大，而与孩子的情绪感受关系更大。养育者能否给予与孩子的情绪同频同调的反应，是镜映最核心的部分。

不仅仅是语言，镜映的过程还需要反馈者的情绪、表情、躯体反应都与被反馈者同调一致。只有那样，被反馈者才会感到自己的感受被确认、映照了，自己的感受是合理的、被允许存在的。

而 a、b 两种反馈，会让孩子觉得原来自己的开心是不应该的，原来取得的成绩没什么大不了的，由此会体验到自尊受损。当他们下一次遇到什么值得开心的事情时就会开始怀疑自己：自己是不是又得意忘形了？这是不是并不值得开心？别人是不是会觉得这没什么大不了的？抑郁和空虚的种子就此埋下了。

而最后一种 d 反馈，表面上看也是对孩子的积极反馈，实际上却是一种"自恋"的表达，这个反馈并没有真实地看到孩子作为一个独立个体的状态，而是把孩子的成就看作自己的一种延伸，看似在表扬孩子，其实是在把自己投射到孩子身上，满足自己的自恋。孩子得到这样的反馈，当下会很开心，但是在长期发展中，就会逐渐失去动力，而变得"为了让爸爸妈妈满意"而努力。长此以往，当孩子发展到了要独立分化的阶段，发现父母已经不再是全世界，父母的期待不再能让自己在社会中得到同样的认同，要开始探索自己的人生意义和价值时，就会陷入迷茫、空虚和抑郁之中。

所以，恰如其分的镜映是一种格外重要的人格成长的养料。

情绪颗粒度：深入理解自己的情绪

镜映更加重要的一个功能是，帮助人更细致、深入地理解自己的情绪，看到那些更细致的"情绪颗粒"。

情绪颗粒度是指一个人能够分辨、感受和表达自己的具体情绪的能力。一个人情绪颗粒度越精细，就越不容易被两极化的感受如"棒极了"和"糟透了"控制。就像一位作家如果词汇量够大，就不会用"太美了"和"太丑了"来形容一个人。如果一个人的情绪颗粒度够精细，就能看到"糟透了"背后可能是悲哀、内疚、羞耻、尴尬、害怕、恐惧、嫉妒、愤怒等与具体场景和际遇联系起来的感受，而不会粗暴地觉得是自己太糟糕了或者这个世界太糟糕了。

同样，"棒极了"之中也有与具体的场景和际遇相联系的细分感受：放松、满足、自豪、安全、感恩、有希望等。

很多认为自己有情绪控制问题的人，实际上就是由于他们自己的情绪颗粒度不够精细从而产生了两极化感受。在"糟透了"和"棒极了"之间没有这些细致颗粒的缓冲，情绪就会以极快的速度来回滑动。

把情绪与实际的场景和际遇精确地联系起来解读也很重要。比如，一个人能够看到自己现在情绪体验不好，是因为这一次的考试成绩不佳，除了未能发挥出应有的水平，还有很多随机因素的影响，不能完全归因于自己无能，也不意味着未来成绩就会一直不好。这样，他就不会为一次考试失利过分难过，也不会产生过大的情绪波动。反之，如果自己的自尊水平和体验随着考试成绩这样随机性很大的场景际遇剧烈波动，没有细致的自我理解，那么他们就很难实现平稳的情绪。

对祺宇来说，非常重要的一个成长任务就是了解和感受自己的情绪颗粒，看到自己的生活和关系中有很多比成绩、学历好坏更加影响自己的心理状态的东西。当他开始从情感层面感受自己的绝望和无助不仅仅是因为学业受挫，而更多地来自情感关系的缺失和情绪反馈、情绪安慰机制的缺乏时，学业的压力就不会再对他的情绪状态产生决定性的影响。

另外，人们日常生活中时常谈到的"情商"和共情能力也与情绪颗粒的精细程度有很大的关系。一个人的情绪颗粒度越精细，就越能更细致、准确地理解他人的情绪状况。比如，同样是"同事哭了"这个场景，对于情绪颗粒度比较粗的人来说，可能理解的是"这个同事太脆弱了"；而对于一个情商高或者情绪颗粒度精细的人来说，能看到的可能就是"这个同事这次接了很重要的任务，他很努力了，但是因为一些原因出了差错，领导批评了他，他感觉很羞耻和挫败，并且还有一些其他我不知道的原因，也许他现在需要得到一些支持和安慰，也许可以尝试邀请他一起吃顿午饭"。

在成长过程中，有足够充分的来自养育者的镜映，能够在这个过程中仔细地了解和确认自己的情绪感受，是一个人获得成熟完整人格的重要养料。

成年以后，由于时代的变化、年龄的差距和生活条件的差异，一个人也许很难再获得来自父母的细致理解了，但是仍然可以通过与自我对话来了解自己的情绪，和自己共情。对祺宇来说，他发现自己要克服强烈的自责感和不安感才能允许自己面对"也许我真的不喜欢科研"这个事实，而这种自责和不安的感受阻止了他看到和接纳来自自己和他人的各种各样的情绪颗粒。他只能埋头逼迫自己专注在科研上，忽视了自己原来很喜欢也很擅长写科普教育文章，生动的表达让他大受欢迎；也忽视了原来同实验室的女孩一直很关心他，想要和他建立更亲近的关系。而这些看似简单、近在眼前的美好答案，却是他花费了好几年时间才看到的。

在我们的社会文化中，讲求理性的声音似乎占了大多数，似乎只有理性的人才是好的，才是可能有成就的，而"情绪"几乎从一个中性词变成贬义词，似乎情绪是洪水猛兽，一旦展现和表达出来就会给人造成破坏，让人无法取得成就。事实上，一个能够看到和接纳自己情绪的人往往会少很多焦虑的感受，也能够展现极大的创造力和想象力，更能建立起和他人更为紧密的链接。

不要害怕自己的各种情绪，不要要求自己总是保持平静和快乐，当情绪的海浪迎面而来时，不必害怕它，因为它总会退潮。只有这样，一个人才会有更多的时间和自己的各种复杂情绪待在一起，去细细地辨识和品味那些小小的情绪颗粒究竟是什么，从而更深刻地理解自己、理解他人，以及建立起更深刻的关系。

如果一个人想要尝试精细化自己的情绪颗粒度，可以尝试以下几种方法。

正念冥想

正念冥想强调不加评判地观看、觉察自己的各种感受和想法，就像看天边的云卷云舒一样，但这需要长期的练习和坚持。

阅读文学作品

不要担心浪费时间或读不懂，你可以尝试选择一部感兴趣的文学作品（经典文学更佳），不要只是读完情节，尝试理解书中人物为何做出一些举动、说出一些话语。如果感到书中人物做了自己不敢苟同的选择或说出难以理解的话语，不要略过它们或回避它们，反复读，直到自己感到可以命名他们的情绪，说出他们表现和行为的情感缘由和脉络。

情绪交流

找一个你信任的朋友，尝试和他结为"情绪伙伴"，双方尽量多地尝试反馈对方的情绪并用语言表达出来，比如："我看你刚才瘪嘴了，你是不是不满意了，你是感到失望了？还是感觉不屑了？还是别的什么。"互相尝试解读对方的情绪，并且反复感受和确认，长此以往，情绪的颗粒度就会变得精细。

第八章

分化受阻的创伤

在快速变化的社会环境里，年轻人与原生家庭分化也成了更加复杂的问题。和父母居住在一起很方便、舒适，自己有必要搬出去住吗？自己其实没有那么想要孩子，但父母想要下一代的传承，那么是不是也应该把抚养孩子的责任分给父母？自己究竟有没有追求想要的生活的自由，还是最好遵循前辈的规劝？对于这些问题的不同处理方式，会在本质上影响一个人的生命和自我体验。

安全了，才能独立：你有自己的心理安全基地吗

前文提到过在哈洛著名的恒河猴实验里，幼猴们都会偏向于选择没有乳汁的布料妈妈而不是有乳汁的铁丝妈妈。这个实验里还提到了一个重要发现，那就是，当一个陌生房间里有布料妈妈时，幼猴们会在亲近布料妈妈后更敢于探索房间里的环境、玩散落在地上的玩具。而当房间里没有布料妈妈时，幼猴被放进陌生房间后会吓得瑟瑟发抖，很久之后才敢探索周围的环境。

这就是早期依恋关系非常重要的功能：提供安全基地。人们都需要知道自己有一个可以"回去"的、安全的地方，才能更有勇气地去探索外部的世界。对儿童来说，这个"安全基地"就是自己的主要养育者。所以，当养育者不能提供这个"安全基地"，或者不允许孩子离开"安全

基地"时，这一重要功能就会被损坏或丧失。因此，养育者既不能不给予儿童安全的感受，又不能阻碍儿童探索外界，这是一个非常精妙的平衡。

一位妈妈在宝宝小的时候，总是以给宝宝唱歌、讲故事的方式来陪伴他入睡，但当宝宝长大一些，妈妈可能会觉得也许宝宝不再需要那么多的故事和睡前歌谣了，于是就减少了一些睡前陪伴，在宝宝入睡之前就离开房间。这样，宝宝就要自己找到在睡前安慰自己的方式，自主地入睡。这就是著名自体心理学家科胡特（Kohut）形容的"恰到好处的挫折"。这种"恰到好处的挫折"带来的自主性恰恰是促进一个人分化独立出自己人格的重要养料。

自主性是一个人或一个动物生存下来的必要特性。在自然界，很多动物刚刚长到可以独立觅食生存的程度，抚养它们的双亲就会立刻离去，幼崽从此过上了"自生自灭"的生活。在这样的情况下，自主性当然不会被减损，因为幼崽一旦缺少自主性，就难以在大自然中存活下来。但是人类更为复杂，有着各种延绵的情感和互相支持的需求，这让分化自主也变得复杂起来。

成长，是孩子在养育者提供的环境中"自主"（autonomy）发生的过程，而不是养育者对孩子做出的行为。就像养一株植物，一个人能做的是给它提供合适的土壤，按照合适的频率浇水，它自然会长成它本来的样子。如果一个人想让一株龟背竹长成一株玫瑰，不仅不可能，还会让培育者和植物都十分痛苦。

自主是每一个人的基本心理需求，是指人们需要感到自己能够决定自己的行为和选择，是自由的，而不是被他人控制的。只有这样，一个人的生活才是真正有内在动力的，他才可能在生活中体验到真正的兴趣和激情。反之，如果一个人没有感到自己的生活是由自己主宰的，无法依照自己的喜恶来行动，就会体验到抑郁和无意义感。

与自主相对的就是被控制，即一个人的行为不能由自己决定，而由他人决定。有时人们认为自己做一件事情是自主的，实际上却是被控制的。比如，一个学生决定竞选学生会主席，但他的动机并不是认为做学生会主席是一件有意义的事情，而是觉得这样做会让自己看上去优秀、体面。其实，这种情况就是一种隐形的被控制的行为。这种表面上的自主性，在某种程度上就是心理学中的"假自体"，即一个人建立起来一个适应社会和他人需要的自我形象，尽管这并非真实的自我。

能够被允许分化独立，是一个人人格发展的基础需求之一。但是很多时候，这往往不是一件容易的事情。著名社会学家费孝通早在 20 世纪就在他的著作《生育制度》里写过这样一段生动而深刻的话：

我们若观察一个孩子的生活，有时真会使我们替他抱不平。他很像是个入国未问禁的蠢汉。他的个体刚长到可以活动时，他的周围已经布满了干涉他活动的天罗地网。孩子碰着的不是一个为他方便而设下的世界，而是一个为成人的方便所布置下的园地。他闯入时，并没有带着创立新秩序的力量，可是又没有个服从旧秩序的心愿。于是好像一只扯满帆的船，到处驶，到处触礁。他所触的礁并不限于物质的。当他随手拿着本书，正打算一张张撕下来，点缀他周围平板的地面时，一只强有力的手，把书拿走了。有什么理由呢？他是不会明白的。要抗议，张开小嘴嚷，放开嗓子哭，说不定又来一只手，正打在小屁股上，一阵痛，完事。我们若是有闲情，坐下来计算一下，一个孩子在一小时里受到的干涉，一定会超过成年人一年中所受社会指摘的次数。在最专制的君王手下的老百姓，也不会比一个孩子在最疼他的父母手下过日子更难过……从小畜生变成人，就得经过十万百千劫。

的确，每个人都降生在一个名为家庭的"天罗地网"之中。对幼儿来说，父母家庭的规矩就是世界的秩序，他们是强大的、不可反抗的，是幼儿对于这个世界运行规则初始的认知，自然就会对他们进入社会后的行为和信念产生至关重要的影响。用费孝通先生的话讲，就是要把一个"生物人"转化为一个"社会人"，这个转变的工作就是在家庭中进行的。而这个转化是否成功，其中关键的一点就是一个人自己的自主性和内在动机能否得以保留和发展。

敢独立：独立的心态分为"自给"和"自足"两个部分

雨菲今年已经 29 岁了，但她仍然和父母住在一起。她的母亲认为女孩不应该在结婚之前离开家独自居住。一方面，房租是一笔不菲的开支；另一方面，母亲认为女孩独居非常危险，并且雨菲没有能力照顾好自己。对于雨菲来说，这反而是一件需要适应的事情，因为从上大学开始的很多年中，她离开家自己生活，留学回来以后，反而像回到小时候一样被父母管了起来，从早上几点起床到晚上几点吃饭，都需要遵从母亲的决定。

虽然雨菲一直学习与艺术相关的专业，母亲却非常希望她能进入金融领域工作，认为那才是一份真正体面而稳定的职业。雨菲曾经找到一份自己喜欢的与艺术相关的工作，母亲却说："你现在拿到的那点工资什么时候才能把学费挣回来？"她的父亲也会对她说："你现在做的事情对社会有什么贡献和价值？都是些虚头巴脑的东西。"这让雨菲感到十分愧疚，觉得自己的确应该多挣一些钱，而与艺术相关的工作可能需要积累很多年的时间才会有较好的回报。同时，雨菲也感到也许自己能多挣一些钱，父母就能更认可她，也就不会那么多地干涉她的生活了。抱着这样的信念，雨菲离开了自己喜欢的工作，入职了父母安排的金融公司。

抱着这样的信念，雨菲在工作中遇到了很多的困难和痛苦。每天早上，她感到自己都要费很大的力气才能从床上爬起来。面对一整天繁重的工作，她有时甚至会哭泣。虽然她感到自己已经很认真了，但在工作中依然会频频犯一些粗心导致的错误。有的错误只是需要被同事提醒即可改正，但是有的甚至会给整个公司造成巨大损失。在工作以外，父母也很担心她在婚恋方面"受骗"，害怕她在恋爱中吃亏，要求她只能找"门当户对"的对象。

这些限制都让她感到很挫败，直到有一天早上，她觉得自己真的起不来床了，身体像铅块一样沉重，于是向公司请了假。本来以为是感冒了，休息一天就会好，结果一周以后仍然无法离开床。那时的她开始意识到，自己可能是抑郁了，于是去医院看了精神科医生，被诊断为重度抑郁，开始服药。

在遇到分化受阻问题的年轻人中，大部分人都会有一个焦虑点：如果我真的独立了，我还能不能维持之前的生活水平。对雨菲来说也不例外，她很清楚地知道，如果自己离开家租房住，生活质量肯定不如在家里生活，也比不上父母给生活费的学生生活。事实是，当一个人开始脱离原生家庭，靠自己的能力生活时，往往会经历一些物质生活上的落差。但是这种"从头开始"的落差感，本身也是一种促进分化和建立自我认知的体验：从头开始做一份事业，从那些最琐碎、普通的任务开始，会是怎样的？自己开始建立自己的生活，选择住在哪里、如何布置自己的房间、一日三餐吃什么，会是怎样的？这些看似烦琐而细小的体验，恰恰是一个人真的理解"自己能给自己什么"的开始。

了解自己能给自己什么，并且能在一定程度上满足于这些自己给自己的东西，这种"自给"与"自足"相结合的状态才是真正的独立心态。当一个人无法满足于自己能给自己的东西，无法为自己得来的成果感到骄傲，而要把它与父母通过几十年的积累得来的成果相比较时，他就很难实现真正的分化。

相传，美国铜矿大王的女儿在继承了父亲的巨额财富之后，希望把自己托付给一个男性，但是当她发现这个男性只是贪恋钱财、辜负了她以后，她就守着这笔财富，终生再也没有出过门。这不由得让人遐想，这笔财富对她来说究竟是幸运还是灾难。假设没有这笔财富,她只是一个普通女孩,也许可以在工作中发现自己的激情和兴趣,也许更可能找到真诚的爱情。

对雨菲来说,从头开始做内心真正热爱的艺术工作并接受那些看起来也许有些微薄的报酬,赋予其特殊的意义,是心灵成长必要的一步:这些报酬不仅是钱,更是她在做自己珍视的、感兴趣的事情得到的反馈和回报,这些报酬也是她未来有可能、有潜力在这一领域中深耕、进步的佐证。

给孩子自己探索、体验世界的自由,并且让他们为自己的努力感到满意、骄傲,是父母给予孩子的比物质金钱宝贵得多的财富。

从内摄到内化：面对外界的期待，如何坚持做自己

在心理学中，有两个相近的概念：内摄和内化。这二者时常被混淆，给人造成很多误会。简单来讲，内摄是指一个人从另一个人（一个体系、系统）处全盘接受了一种价值标准或自我要求，内化是指一个人经过调整后接纳的一种价值体系和自我认识。

从某种程度上讲，内摄是内化的原始状态。在幼年时，孩子并不懂得这个世界的规则和因果关系，养育者制定的规则和要求就是一切。为了保持和养育者的连接，孩子几乎必须全盘接受外界施加的一切规则和要求。随着自我的发展和成长，个体逐渐开始能够感知自己和他人的边界，理解自己的特点和需求，于是他就会把这些个人需要和特质与这些要求和规则结合起来，由内摄转变为内化外界的期待和要求。

简而言之，内摄就像是囫囵吞下一块食物，往往会引起消化不良，内化是细嚼慢咽，吐出自己不喜欢的食物，消化自己能接受的部分。

如果一直没有从内摄外界要求发展为内化外界期待，会怎么样呢？雨菲的状况可能是其后果之一。被内摄的外界要求的确可以给人提供一些方向和动力，去行动和实施计划，但是缺乏与自我内在需求融合的动力，往往不足以长期支持人们采取某种生活方式或投入需要真正用心的工作。雨菲可以在内摄的要求和目标下在金融公司工作，满足那些显性的工作要求（按时到岗、实施领导布置的计划），但她无法让自己真心在意自己的工作，也无法投入那些细节——不是她不想，而是她无法真正理解内摄目标的内涵。

雨菲真正内化认同的职业是艺术策展，那么邀请的艺术家是谁、不同作品的排列顺序、作品间隔多少厘米、背景是什么色系，这些于她而言都有富有真实体验及强烈意义的差别和内涵。她并没有真实兴趣的金融工作对她而言，只是报表上的数字差别、股市的走向变化、投资建议书上不同的结论，在她的个人感知中，这些都是"领导布置的任务"，她无法真实体验到其中细致微妙却又深刻影响工作效果的部分。

对雨菲来说，"要做与金融相关的稳定工作"这个概念是一个未经消化的内摄信念，她在表面上接受了这个信念，却并没有真的接受支撑这个信念的内涵，结果就是，她无法真正"消化"这份工作使命，故而出现了这样的症状。

雨菲的父母没有意识到自己作为父母，为女儿提供"安全基地"功能的边界在哪里。在他们的视角中，他们非常努力地想要保护雨菲，为她提供稳定的工作，规划好她一生的发展方向。这样的行为其实是在阻止雨菲离开"安全基地"，阻止她探索自己的世界和人生。当"安全基地"成了一个人生活的全部而无法离开和冒险时，抑郁、空虚和无意义感自然就产生了。

很多时候，"被强迫"的感觉不仅来自那些权威、粗暴的压迫，也可能来自那些充满诱惑的良好感受。有趣的是，过分的或不合适的奖励也会伤害一个人的自主性。存在主义哲学家萨特认为，自由意味着接受自己的界限，而过分或不合适的奖励，会使一个人无法接受或无法看清自己的界限，反而遭受界限不断被拉扯的痛苦。

对雨菲来说，难以坚持自己的想法、做自己感兴趣的工作，还有一个十分重要的原因，那就是她发现自己从事与金融相关的工作后，父母非常开心，对她大加赞许。她听到那些赞扬的瞬间会觉得，也许自己的牺牲和妥协是值得的，因为至少满足了父母的期待，这给雨菲带来了莫大的安慰。但是从某种程度上讲，这些赞扬和肯定反而成了令雨菲更加痛苦的源头。

观察很多儿童和父母的互动可以发现，一些父母对孩子的教育似乎充满了鼓励和正面激励，比如，一个母亲可能会对孩子说"今天吃饭的时候你一直很安静，真是个好孩子"，或者一个父亲会对孩子说"考试考了100分，就给你买游戏机"，这样的反馈很有可能是有害的。也许这个孩子是因为心中有事不开心才在吃饭时没有说话，如果母亲没有观察到这一点，反而表扬他，他会感觉原来自己并非处于开心的常态才能获得表扬；而受到游戏机的诱惑才学习的孩子，有可能就此失去了探索学习过程的兴趣享受和内部动力。

曾有心理学实验表明，同样是让被试者玩玩具，那些没有因为玩玩具得到奖赏的被试者反而比那些可以得到金钱奖励的被试者对于玩具本身有更浓厚的兴趣，也更愿意在实验以外的时间玩实验玩具。

简而言之，一件事情是不是一个人自主做出的，很多时候要看这个人做这件事情时是真正享受和投入这件事本身的过程，还是只是为了完成这件事之后可以实现某种目标。这种隐性的来自外部的看似正面的激励的"控制"，如果遍布了一个人的生活，就会让这个人有强烈的空虚感和无意义感，甚至会对自己究竟是一个怎样的人感到困惑。

一个人究竟应该如何完成自己的生命轨迹，真正实现独立？在某种程度上，人们都在尝试像一个作曲家或小说家一样"谱写"自己的人生故事，即人们都试图串联自己的发展历史，使它成为一个有逻辑、情节和主题的叙事。比如，蝙蝠侠小时候因为歹徒作恶而痛失父母，因此产生了强烈的除恶扬善的愿望，于是怀揣强烈的动力去学习格斗和发展科技，最后成为自己希望成为的英雄骑士。这个故事是很典型的、有着清晰的动机来源和故事线条的叙事，普通人虽然可能没有如此戏剧和因果明晰的人生逻辑，但也需要有自己能够理解和解释的生活动机。

如果一个人的叙事里被强行插入太多他人的语言和情节，故事就会变得不和谐、不连续，就像蝙蝠侠的故事里忽然被插入一个白雪公主逃跑的情节，主人公就无法感到自己是故事的主宰，就会丧失生活的意义感和价值感。

对雨菲来说，她面临的情景就是自己的艺术职业生涯突然被打断，进入了一个自己没有概念、不知道起承转合的故事之中，这令人茫然。而她所需要的成长恰恰是搞清楚自己的边界究竟在哪里，搞清楚让父母满意究竟是不是一个可以真正令她有动力的动机，搞清楚她对自己的期待和父母对她的期待究竟有多大的矛盾。她的探索和成长的目标看似简单，过程却十分拉扯和反复，因为分化的过程在某种程度上就是令人痛苦的，如同婴孩要从母体中被分娩出来。雨菲要完成分化，要做自己，就需要承受令父母失望、无法满足他们的期待这一痛苦事实。对雨菲来说，要坚定自己的职业发展方向还需要面对"如果在自己选的道路上没有获得成功，父母就会责怪她为何当初不听他们的"的可能。实际上，耐受他人的失望和负面情绪，也是一个人分化和独立的基础能力。

在长达两年的拉扯和纠结之中，雨菲逐渐面对和体验这种自我边界和父母期待之间的冲突，逐渐学习耐受来自父母失望的情绪，感受自我的力量。最终，在有了一定积蓄之后，她选择回到自己热爱的艺术行业。这样，雨菲终于回到了自己谱写的叙事中，成为自己故事里的主人公。

如果你要完成一件他十分不喜欢的事情，但可以从中得到某种很丰厚的回报（财富、社会名誉），那么你会怎么选择呢？如果你感到做一件事情只是因为这件事情带来的间接回报，而对过程本身并不感兴趣甚至感到痛苦，那么你需要想一想，你是否被某种来自外界的思想枷锁控制而必须做这件事。

"假性分化"：能反抗，就是独立吗

程晋和父母的冲突总是很多，几乎三天一大吵、两天一小吵，他在理性上觉得自己没必要和他们吵架，但当有意见分歧时就是忍不住。比如，中秋节即将来临，程晋的父亲认为他应该准备礼品送给上司，这样有助于联络感情。程晋对于父亲这样的建议很反感，因为他觉得自己所处的企业并没有这样的"文化"，上司并不会在意别人有没有给他送礼，并且觉得这样的行为是"蝇营狗苟"，这样做让他感到很没有尊严。然而，几天以后，在矛盾纠结的心情下，程晋还是给上司送了礼物，因为如果不这么做，他就会不安心。但这样做了以后，程晋感到自己并不愉快，甚至觉得上司对他的态度非但没有变得热情，还有些冷淡，他有些后悔，觉得自己是不是过于讨好上司反而弄巧成拙了。想到这一点，程晋感到自己被父亲的建议误导了，因而很愤怒，又和父亲吵了一架，指责父亲总给他出"馊主意"。

然而，这样的争吵之后，程晋又会陷入对父亲的愧疚和对自己的自责之中。这样的过程总在循环往复，让程晋很痛苦，使他感到自己没有能力独立面对自己的生活，做出自己的选择。他总担心自己的想法也许有问题，需要找到一个人来证明他的想法是正确的才敢行动。

我们总会发现身边有不少像程晋一样的朋友，他们看起来很独立，能够直接表达自己的意愿以及反抗父母。但仔细观察可能会发现，他们一边抱怨着父母对自己的控制有多么可怕，自己有多么不认同父母的观点和要求，一边在行动上却对父母言听计从。这其实就是一种看上去有自己独立思想的"假性分化"。

实际上，人会有这样的状态是有理由的。一些看起来没有益处的事情，其实可能有一些潜意识层面的、不易被察觉的、原始的益处。对程晋来说，这样做的获益其实是"避免自己为不理想的结果负责任"。在某种程度上，与父母的吵架是程晋的一种"转移责任"的防御方式：通过吵架这样一种激烈的对抗，把自己对于选择的不确定和不安全感转移到父母身上。这样的争吵其实是一种责任转移的确认，程晋是在对父母说："看吧，你们让我这样做的，结果却是这样糟糕，这都是你们的责任，不是我的错。"

为什么对一些人来说，这样的"初级获益"很重要呢？这种利益在更成熟的人看来是没有必要的或是"不划算"的，但对于独立分化受阻的人来说却是重要的"益处"。因为在他们的成长经历中，可能从来没有体验到养育者的"放手"。

程晋小学时曾遇到被同学欺凌的事情。某天，他得到了一次为班级主持绘制黑板报的机会，出于嫉妒，其他几个本应配合他的同学开始为难他，在他不在的时候毁坏他绘制的黑板报，还写侮辱性的话语。程晋对此感到非常伤心，并把这件事告诉了父亲。没有想到父亲的反应比他还要激烈，直接跑到学校，当着全班同学的面狠狠地"教育"了那几个同学，甚至还打电话给老师，责备老师没有教育好学生。程晋的父亲教育他，以后遇到这种事，就要像他一样有骨气，维护自己的尊严。之后，的确没有人敢再这样欺负他了，但他感到也没有人愿意和他交朋友了。他心中一直为这件事感到很羞耻，觉得好像其他同学都看不起他这样依靠父亲的行为，也很担心老师心中会对自己不满。至此，他开始对社交有所回避。

程晋父亲行动的动力，其实不是孩子本身的需要，而是他自身的焦虑情绪。也许他有过小时候被人欺负时父母却不帮助自己的经历，或有其他的担忧，促使他做出了超过孩子需要的反应，让一个本来可以让程晋体验"恰到好处的挫折"的场景，变成了让程晋体验自己无法解决自己问题的场景。在年幼的程晋看来，父亲在尽最大的努力帮助他，结果却是这样，这让他十分畏惧在人际关系里再出现任何的问题和冲突，因为即使问题被"解决"了，结果也会让他很难受。这样看来，似乎唯一的选择就是不要和他人产生矛盾和冲突。

这种体验和信念一直伴随程晋的学业与工作。每当工作上出现一些需要和同事沟通的事情时，他都会担心自己做得究竟对不对，无法自主做出选择和判断。所以，程晋对于父母的听从，本质上并不是一种真实的对父母的认同，而是出于对自身无力感的无可奈何。他感到自己没有能力处理人际关系中的矛盾，也无法为后果负责，所以依靠其他有坚定意见和想法的人是唯一的选择。

程晋的父亲强大的行动力和带有侵入性的帮助方式，某种程度上"阉割"了程晋的自主性，让他深深地体验到父亲的强势、自己的弱势，父亲是有能的，自己是无能的。程晋很难从父亲包裹覆盖他生活问题的养育方式中分化出来，这让他一直需要依赖父亲的观点，并以此作为行动的指南。

在孩子成长的过程中，其实养育者需要的是设定一个"安全框架"，而这个框架之中的空间是交由孩子自己去探索的。其实，程晋的问题并不在于他选择的处理人际关系的方式是对是错，是好是坏，而是这个方式是不是他自己选择的，是不是和他的自我感受一致。

比如，人们在生活中可以看到很多"老好人"，有时这些"老好人"处理问题的方式似乎会让周围亲密的人觉得太忍让、太憋屈了，但他们自己并不觉得很痛苦。同理，也有很多在旁人看来似乎过于强势和有攻击性的人，他们往往会在人际关系中让他人体验到被强加和压迫的感觉，但是他们似乎并没有感到不合理并想要改变。这是因为这些处理方式，是在他们自主的行动和实践中建立起来的，在他们的个人经验中是有效的、自洽的。

自主的探索和尝试非常重要。当养育者建立起一个"安全框架"，让孩子能够自主尝试如何与人交往时，他就会逐渐建立一套符合自己风格的、充分内化过的人际原则。但是，如果养育者打断了这种自主的探索和实验，往往就会造成分化和独立判断问题的困难。比如，对于程晋的父亲来说，他本可以以更加低调的方式与老师商谈这件事情，请老师留心关注一下会不会有同学欺负程晋的情况，并且告诉程晋，家长和老师是会保护他的，可以与他一起商量该如何应对这个问题（这就是所谓的搭建安全框架）；程晋的父亲却选择直接代替程晋做出行动，与老师和同学发生冲突，他这样做其实剥夺了程晋做决定的体验，同时还没有让程晋感到有一个安全设定的存在。所以，对程晋来说，父亲的做法让他感觉自己就像被孤立无援地抛在了旷野中，手中被塞了一把武器，而他根本不知道如何使用这把武器。

在程晋的生活体验中，其实没有自我与真实的世界的直接碰撞和连接，因为父亲像一堵墙壁一样挡在他和真实世界的体验之间。比如，一个小孩看到火会很好奇，想要去烤火，如果他离得太近，被烫了手，自然这个真实的痛的体验就会进入他的自我感受之中，他会很直观地知道如果去碰火会有多疼，下次如果要烤火要离多近。如果这个小孩还没有离火很近，父亲就跳出来，大声呵斥、阻止他烤火，告诉他这会很疼、会受伤，会让这个小孩不能基于现实的体验做出决定，也许会夸大火的可怕，失去享受烤火的乐趣。这就是程晋在遇到人际关系问题时体验到夸大的恐惧和犹豫不决的原因。

也许对程晋的父亲来说，他已经建立起了稳定的处理人际关系问题的原则，认为这没什么问题，但这不代表程晋可以不通过自己的探索就直接继承他的处理方式。父亲处理问题的方式，他无法直接习得，还给他带来了强烈的不安全感；与此同时，父亲又不断地向他强调，只有这样做才是对的，才能避免被人欺负。这使得程晋难以有机会去真正内化这样的处理方式。

对程晋来说，他需要的人格成长是体验、坚持自己处理问题的风格，不管最后结局是怎样的，都能体验和感受到合理的、有好处的那个部分，同时接纳不完美的那些部分（因为这些都是他需要自己为自己负责的部分）。自己体验和决定要靠那团火多近，自己体验和决定自己能忍受多少疼痛、获得多少温暖。只有接纳了这部分责任，他才能真正认可自己的选择，体验真正的自我肯定和自信。

婆媳关系：与原生家庭分化不足导致的婚恋问题

婆媳关系问题可谓家庭的一种典型的关系问题。不管是在社会新闻里，还是在心理咨询室里，我们都会发现，被这个问题困扰的人数不胜数。

小刘因为自己的妈妈和太太总是产生矛盾而来做咨询。小刘和太太结婚以后一直住在父母家，一是因为他们暂时还无法负担租房支出，二是小刘的母亲认为小两口没必要出去租房，在家里住父母还可以给他们做饭、照顾他们。于是结婚两年来，小刘和太太就一直和父母同住。在他们的孩子出生之前，一切都还算平稳，虽然小刘的太太和母亲在生活方式上有很多不同，但是毕竟大部分时间小两口都在上班，周末也可以出去玩，所以并没有爆发很大的矛盾。

然而孩子出生以后，小刘的太太就开始对婆婆感到十分不满，甚至告诉他，自己之所以产后抑郁要就医服药，都是因为他的家庭给她带来的压力。小刘的太太感到婆婆在养育孩子方面不尊重她的想法，用很多"不科学"的方式养育孩子，比如，给孩子吃太多的米糊。而小刘的母亲认为，自己的几个孩子都是这么养大的，都成长得很健康，怎么会有问题呢？小刘的太太坚决认为，自己是孩子的母亲，在如何养育孩子上有绝对的话语权，她不会让步，并且要求小刘向自己的母亲说清楚。而小刘的母亲则向小刘哭诉自己在养育孙女上多么尽心尽力，儿媳妇却不领情。这让小刘感到左右为难：之前双方都可以妥协的一些生活方式问题，在养育孩子这样一个双方都认为关键和重要的事情上，无法妥协了。

这种典型的婚姻家庭问题，其实是显著的"与原生家庭分化不足"导致的矛盾和问题。

在很长一段的历史时期里，由于封建思想的影响或农耕文化的需求，劳动力需要留在家庭中，这时一个家庭的后代，某种程度上是不允许从原生家庭中分化的。在社会的标准里，男性只能选择继承和留在自己的原生家庭中，而女性应当通过婚姻从自己的原生家庭中无缝衔接地进入另一个大家族中。从语言文字就可以看出来。在中国的传统中，结婚被区分为"娶"和"嫁"两种针对不同性别的行为，实际上是男性把女性娶到家中来，而女性从自己的原生家庭中离开，嫁到男性的原生家庭中去。

中国著名的社会学家费孝通在《乡土中国》和《生育制度》中对东方文化不倾向于分化的特点有很深入、清晰的描述。在著述里，他将东方社会格局形容为差序格局，意思是对每个个体来说，社会关系是像一个同心圆般的存在，亲疏远近非常分明，一个人对待自己的近亲父母、兄弟姐妹、远亲邻居、同事朋友是非常不一样的，能够期待得到的东西也显著不同。在西方文化里，社会格局更像一个网格，每个个体都是网格上均匀散布的点，每个人之间的距离相对均衡，亲疏远近的差异不像东方社会中那么显著。所以，对于分化独立这个议题，在西方文化里是更加容易被接受的，因为即使一个人彻底离开了家庭，他也可以很容易地在这个均匀散布的网格中找到自己的位置。而在东方文化中，一个人若要远离自己处在的同心圆圆心，就不那么容易了——因为他在别人的同心圆里总在离圆心更远的某处，而要拉近这种距离并不那么容易。

原生家庭分化这一概念，在很长的历史中并不真正存在于东方文化之中——在那样的文化设定下，男性永远属于自己的原生家庭，而女性则在成年结婚后离开自己的原生家庭，加入男性的原生家庭之中。近代以来，随着城市化的快速发展，人们已经离开了需要家族聚居劳动的农村土地，来到了以更小的家庭为单元的城市，生产生活不再需要家庭中很多人聚在一起，与原生家庭分化才逐渐成为一个普遍存在的需要。而"婆媳关系不合"就是这样一个变化过程中必然的产物：对婆婆来说，文化设定还是农耕文化里的那一套，婆婆会认为自己的儿子仍然属于自己的家庭；对媳妇来说，文化设定已经到了城市化背景里，媳妇当然会认为自己的丈夫是属于自己的小家庭的。本质上，这是两种截然不同的文化观的碰撞，而不是简单的所谓性格不合或者双方在"争夺男人"。小刘面对的不是简单地学习如何调节妈妈和妻子之间的生活矛盾，而需要从根本上想清楚自己认同的文化和家庭形式是哪一种，然后基于自己的选择去和家人交流沟通。

当然，这样的文化区别和冲突很难说哪一种是更"对的"或是"应该的"。每一种生活方式都各有其优势和需要被忍耐的部分。比如，只有在不那么强调分化和独立的文化里，才可能出现爷爷奶奶成为照顾孙辈的主力军的情况，他们这样做极大地减轻了年轻夫妻养育孩子的经济和体力负担；以及父母会认为给孩子购买房产是应尽的义务，与此同时，父母理所当然地认为在孩子未来的生活里有自己的一席之地。在非常强调独立和分化的文化里，年轻一代可以更轻松、合理地享受自由的选择、自主的生活，与此同时，必须独立承担进入社会的各种经济压力，以及完全承担抚养孩子的辛苦等。这些取舍，都是年轻的家庭在做好心理准备之后才能做出的。

更重要的是，内心接纳这些取舍，看到这是自己的选择必然带来的利弊，也是一个人真正分化成熟的重要标志。事实是，一件事物的利和弊就像硬币的两面，无法只取利而清除弊。让小刘在家庭关系痛苦的部分是，他感到自己被迫夹在妻子和母亲之间，这不是他自己的选择，他是被强迫的。然而进行现实检验之后，他逐渐地能够接纳这种生活状态是他自己做出的并非完美但基于现实的、最为合理均衡的选择：他既不用完全依靠自己的力量抚养孩子，又能够获得相对独立的生活空间。这种选择的代价就是他需要付出努力去协调来自不同家庭的女性——母亲和妻子之间的关系。他其实拥有其他选择，比如更加独立，依靠自己的力量抚养孩子，那么代价就是更辛苦、更努力。看到并且接受这些选择的利与弊是十分重要的，因为选择不是一成不变的，随着一个人的成长和改变，也许一些弊端就不会那么令人难以忍受，选择也可以随之调整。

一个人是否从心理上真正独立和分化，重要的并不是物理上或形式上与原生家庭的关系，而是自己内心是否感受到自己与原生家庭的关系形式是自己的个人选择，是基于自身的需要和偏好（无论这些偏好和需要是基于自己的道德观念、现实需要还是情感需要）做出的。

不管一个人在怎样的处境中，都应该看到这种处境其实是自己的一种选择。也许这种选择是无意识做出的，或是顺应着大环境自然而然做出的，但它仍然是一种选择。只有看清和理解了自己的选择，才能达成内心和现实的一致性，看到选择的利，接受那些弊，利弊都接受才是真正的接纳。唯有真正接纳自己的选择，才算实现了真实的独立和分化。

第九章

来自学校的创伤体验

学校是一个人开始最初的社会化的环境之一。在那里，孩子们从以自己为核心的家庭结构中出来，进入一个更加像社会的集体环境里。在那里，出现了两种新的基本人际关系，一种叫作"同辈"，比如自己的同学、朋友；另一种叫作"权威"，就是学校里的老师、校长、管理者等。在这里，孩子们开始逐渐形成自己的人际交往风格，发现自己的集体角色。这是一个人找到自己的"社会位置"的开始。

很多人会把进入学校的意义简单地理解为学习知识、通过考试，但是学校环境的重要性远不止于此。最重要的是，人是一种社会动物，几乎每一个人都需要在学校环境里学习如何在社会中与不是自己亲属的他人好好相处，建立合作关系，最终获得在社会中独立生存的能力。

权威的力量：我的生存由权威掌控吗

一直以来，小 k 都有着很严重的与权威人物相处的困难。小 k 的家庭经济条件不是太好，但是她就读的学校却有很多经济条件很好的同学。她时常会感到被忽视和歧视，认为老师把资源和关注给了那些经济条件更好的同学。小学时，在一次班干部竞选中，小 k 获得了最多的票数，按照规则她应该当选班长，但是她并没有真的当选班长，因为老师任命了另一名学生为班长，这名学生的家长与老师"关系密切"。这让小 k 深受打击，也让她在很大程度上失去了对老师这个权威形象的信任。她开始在学校里感到孤立无援，觉得自己无论怎么努力都没有用，本该属于她的机会总是会被别人抢走。

她一方面觉得很无力，另一方面又觉得很愤怒，觉得自己在集体中不可能被公平对待，一切只能靠自己，于是埋头苦读，除了学习成绩，什么也不关心。在她的信念中，只要熬过学校时光，有了自力更生的本事，这些痛苦就不会再跟随她了。这样持续了十几年的时间，小 k 的努力得到了回报，她进入了一所十分著名的大学并开始为博士学位而努力。但是令她没有想到的是，多年前的痛苦情节又回到了她的生活中：她感到她的导师开始剥削她，侵占她的劳动成果，不给她应有的署名和报酬，甚至还把她的劳动成果分给了其他在她看来与导师关系更好的同学。小 k 十分愤怒，可是又不敢提出意见，担心如果得罪了导师，就没法毕业了，这样她埋头坚持了十几年的辛苦就白费了。在严重的无力感和长期被剥削的痛苦之下，她陷入了抑郁，并且申请了休学。她开始怀疑之前长期努力的目标和方向。

即使不是在专业的临床心理工作中，人们也常常能听到周围很多人对老师的愤怒或悲伤的抱怨。为什么有和"老师"这个角色相关的人际创伤体验的人这么多，这种创伤体验又为什么对人的影响这么大呢？

这是因为在学校里，一个孩子第一次体验到自己不再像在家中那样，是唯一的或是为数不多的几个小孩之一，无法再像在家里那样成为被关注的焦点。作为权威，学校的老师和管理者似乎拥有比父母更大的权力，能够指挥为数众多的包括孩子自己在内的很多人。在学校里，每件事情都会涉及比在家中更多的人、更多的不同意见、不同反应，有更复杂的日程、规则、纪律，如果不遵守就会有负面的反馈。这一切都意味着，适应学校环境对任何孩子来说都是一个挑战，在面对和适应这个挑战的过程中，孩子如果没有得到来自老师这个权威形象足够的支持和恰当的理解，也可能遇到一些创伤体验。

著名心理学家阿尔弗雷德·阿德勒（Alfred Adler）在他的作品《自卑与超越》里讲述了很多他对于教师职责和角色的重要看法。在他看来，每个教师都应该很了解学生们的心理状态甚至变成心理学家，因为教师是能接触并影响孩子最多的人，他们只有这样做才能更好地帮助孩子们融入社会、学会与人合作。诚然，这样的希望是美好的，但是，面对如此复杂和重大的责任，如此艰难的工作、如此多的学生，任何一个教师要达到这个要求都非常困难。

对小 k 来说，她在成长过程中遇到的小学老师和博士导师，在某种程度上就在这个任务上失败了。他们令小 k 感到自己和权威及同辈的合作关系是不存在的，她无法以一种共赢的方式和周围的人合作，而总是感到自己是一个被剥削、被压迫的角色。这样的关系经历对于小 k 的伤害很大，作为一个人，比起获得优异的学习成绩，学会与他人建立良好的合作关系是更加重要的生存技能。很明显，小 k 的老师们并没有像阿德勒所说的那样，意识到自己的一个重要职责是让学生们学会社会合作。

法语单词 noblesse oblige 的大意是贵族的义务，即当一个人被放到尊贵的、高尚的角色中时，他往往会付出更多的努力并在道德上更严格地要求自己，以匹配这个尊贵的头衔。所以，在某种程度上，很多职业不是天生高尚，甚至也不是从事这些职业的人希望自己看起来高尚，而是人们需要它高尚。所以，无数的社会信息在从小教育着所有人要尊重老师，这是一个伟大的职业，要听老师的话，把老师的要求当成标准，把老师的形象当作模范，这会使人们对这个角色产生一个十分理想化的感受。那么，当这种理想化被打破，一个人发现自己的老师也只是一个有私欲私心，有各种缺点和情绪波动的凡人，并且这些部分还会深刻地影响自己的生活环境时，他受到的冲击自然就很大。

在某种程度上，如果一个人能共情、能理解教师要承受和接受这种"高尚的形象"也是很大的负担，能理解人总是难以长期压抑被这些光亮的外表压制的需求，能理解他们总需要满足一些正常人的需求，也许他对于权威的期待破灭的落差感就会小很多了。

同时，这也是一个社会系统性的问题。不可否认的是，教师就是一个对从业者有更高道德要求的职业，因为这是社会中教育未来一代学会合作、融入社会的一个至关重要的角色。将这么重要的具有巨大外部性的职业功能完全寄托于从业者的自我道德要求，是一件十分困难的事情。

对小 k 来说，真正重要的是理解自己经历的来自权威的这种"辜负与压迫"的本质，是她遇到的权威角色，即老师，没有符合理想社会中对于老师的形象和功能的要求。而这种创伤对她最大的影响，不是她所理解的"阻碍了我获得我应该有的学业成就和成功"，而是挫败了她对他人的信任感和安全感，以至于她无法继续充满信心地和其他人合作或继续留在现存的社会关系之中。基于这个原因，她感到自己难以消除抑郁，选择了暂时休学，离开了学校。

如果抽离出这个视角，重新审视她所在的人际环境，小 k 就可以发现，她周围的人并不都是全然不可合作、对她不利的。仔细回忆她在这个过程中的点点滴滴，其实不乏支持她的人。比如，童年那次不公平的班长竞选，后来有好几个朋友都过来安慰她，表达了他们心里都支持小 k，只是无法反抗班主任的权威。又比如，在办理博士休学期间，小 k 的同学也很关心她，推荐她去看精神科医生、做心理咨询，在后来小 k 决定要休学时帮她办理手续等。对小 k 而言，重要的是，去理解和接受创伤经历关系中"不够好"的老师和同学并非全然是常态。

认识到成年人的合作环境和童年时的区别也很重要。虽然在小 k 看来，她在博士期间遭遇的事情和她在小学时一模一样，但实际上二者有很多不同之处。童年时的小 k 无法凭借自身的能力向老师争取自己的权益。

小 k 的父母没能出面帮助她去和老师交流，传达小 k 受伤的情绪，小 k
自然也没有从这个过程中习得在遇到不公平的对待时，合理地与权威交
流自己的感受和需求的方式。小 k 看到了父母对于这件事情的不知所措
和无能为力，她才这样定性不公平事件：这是我无法反抗的、无能为力
的场景，这种不公平来自于邪恶的、无情的权威，是会一直存在并且阻
碍我获得我想要的东西。

然而博士在读的小 k 已经是一个成年人了，她应当有勇气和途径合理地
主张自己的权利，她与导师的关系虽然有权威与下属的成分，也有成年
人之间的合作成分，可她的导师在这个关系里也不可以没有任何代价地
滥用自己的权利。

当小 k 逐渐能够看清和理解这个部分之后，就开始和周围的同辈交流自己
的情况和处理方法。在这个过程中，她惊讶地发现，原来经历过这种"不
公平"的人远远不止她一个，其他同辈对这种"不公平"有着很不一样的
理解。有的人认为，这个导师的做法可能欠考虑，没有顾及学生的情绪，
但他有可能并不是故意的，只是平时太忙了顾不上公平地分配工作；有的
人认为，这是一种"潜规则"，因为高年级的博士生要毕业就需要发表更多
的文章，每个人光凭自己是很难做到的，所以署名权很多时候会优先分配
给高年级学生，但是未来等自己升到高年级时，也会同样被优先考虑，所

以长远来看还是公平的；还有人认为，这个导师可能就是在有意无意地拿走小 k 的成果，因为小 k 一直没有表达过自己的想法，也许导师会认为她真的不在意这件事情⋯⋯

如此多元的来自他人的反馈，对于小 k 来说仿佛打开了新世界的大门。原来理解同一种处境，不同的人竟然会有如此不同的视角，而自己之前却被困在了自己相信的那一种最糟糕的视角里，导致自己的抑郁和无力。之后，她鼓起勇气和自己的导师真诚地交流了自己的情况，自己之前是如何感到无助的，以及如何十分需要拿到学术成就和及时毕业并找到工作，以支持自己的家庭等情况。令她意外的是，导师竟然表示是自己考虑不周，其实导师很认可她的努力和成绩，以后也会多考虑她的感受。这让小 k 感到十分意外，那是她第一次收到来自权威的道歉，她第一次感到自己的意愿和情感原来是可以被权威接收的，而不是只会被无情地压迫。之后，那个让小 k 感到拿走了自己的成果的同学也来和她沟通，一方面向她道歉，另一方面也和小 k 倾诉了自己的不容易，以及自己在项目中其实也做出了很多努力和贡献。最后，虽然小 k 仍然认为自己确实受到了不公平的待遇，但她能够明确地感知，自己的环境并不再是她之前想象的那样无情、冷酷、充满压迫，她能够通过自己的发声和与他人的交流获得支持和理解，而之前是她的童年创伤和对他人的假设让她把自己隔离了起来。

这种对权威的恐惧、被压迫的感受以及人际隔离的无助感消除后，小 k 的抑郁症自然也就痊愈了。在她日后的生活里，每当遇到与权威相处的情景，她都会想起这段时光，并且提醒自己，自己已经不再是那个没有办法为自己发声的、无助的小女孩了。

与同辈相处的创伤之一：过度竞争的伤疤

W 先生是一位颇有成就的律师，但是他一直有一个苦恼——感到自己不是一个"聪明人"。小学时，他成绩普通，许多同学都能考满分，但他无论如何也只能考到 90 分。后来有一天，学校突然请来了一个"专业机构"，对在校学生进行了智商测试，他十分紧张、不安，最后得出的结果显示，他的智商分数甚至没有超过平均线。虽然 W 先生一直怀疑那个机构只是骗钱的，但是仍然觉得，也许那些测试题的确可以判断一个人的聪明程度。从此以后，父母一直告诉他，他天资平平，只有靠努力才有出头之日，要他做"先飞的笨鸟"。

W 先生自此生活在一种深深的自卑中，非常羡慕班级里那些"轻轻松松就考前几名"的同学。中学时，W 先生勉强考入当地一所顶尖学校，学习竞争更加激烈，不仅每次考试都会在全校公布排名，还会根据成绩排名调换班级。即使 W 先生在很多考试中取得了很好的成绩，他还是认为，自己的成绩是埋头苦学换来的，一旦他不再这么努力，成绩就会一落千丈，所以不是什么值得高兴的事情。这种感受一直伴随着他，即使他现在已经在事业上颇有成就，还是很担心会被人发现其实自己不聪明，只要稍微松劲就会一落千丈。

直到今天，一些孩子的成长过程中，可能还是会接触某种形式的"智商测试"，而这些所谓的智商测试，究竟可以在多大程度上衡量一个人的聪明才智和多元的能力呢？或许，它们不但不能准确地测量一个人的智商和能力，反而会造成很多伤害和损失。

斯蒂芬·杰伊·古尔德（Stephen Jay Gould）是世界知名的进化论科学家，他写过一本振聋发聩的科普著作《人类的误测：智商歧视的科学史》，以此批判之前绵延不绝的关于人的智商测试的研究。曾经有很多所谓的科学研究，尝试论证不同的种族、性别、生物体征的人之间存在"天生的"智商和能力差距，以此来合理化社会中很多不平等的现象。

在 19 世纪，"颅相学"是一种十分流行的、人们深信的科学，它通过观察人的颅骨形状和大小，判断一个人的智力水平。曾经有一个美国人收集了大量的人类头盖骨，往头盖骨里放入植物种子，用可以放下的种子数量多少来对比不同人种的脑容量，得出一个结论：欧洲裔的平均脑容量最大，其次是亚裔，最小的是非洲裔，以此证明欧洲裔的智力最有优势，从而合理化欧洲裔的殖民和暴力统治。这种测量方法在今天一定会被人嘲笑，因为无数后来的科学研究都反驳了这种原始粗暴地判断人智力水平的方法，但在那个时候，人们却对这种方法深信不疑。

非常可笑的是，即使用同样粗暴原始的方法，把植物的种子换成大小均匀的金属小球，最后测出来的数据也显示，不同人种的平均脑容量其实没有显著差异。这种测量的错误，一方面来自植物种子的大小不一，另一方面来自测试者本身就存在的歧视心态。比如，在测量过程中会把较大的非洲裔的颅骨排除出去。

但是，类似的尝试并没有停止。到了 20 世纪，广为人知的 IQ 测试出现了，尽管 IQ 测试的发明者比奈反复声明，这个测试只是针对法国教育体系的一个量表，不能反映一个人的智力优劣，只是为了帮助法国教育体系里的学生通过做这些试题来识别自己的学习困难点，从而更好地学习，但大众仍然倾向于把这些测试的分数看作对一个人"天生聪明程度"的判断。

实际上，智力是一种非常后天的、多元的特质，而且有着很强的对环境的适应属性。即使是品学兼优的高才生，到了亚马孙雨林里也可能会显得十分笨拙、无法生存下去；再敏捷的猎人，也可能无法通过高深的数学考试。但是社会中的一些人却对"聪明"有一套非常单一的标准，即适应和擅长考试。

对 W 先生来说，他最大的盲区就是没有看到他在这个标准以外的聪明和擅长的部分。比如，能够坚持和努力也是一种非常重要的能力特质，它不是人们所谓的什么都不用想的埋头苦干的能力，而是需要拥有稳定地看到自己的处境，能够专注于当下并且能够排除目标以外的杂念、朝着自己确定方向行进的能力。

如果人们仔细思考，就会发现人有一种简化对世界和他人的理解的倾向，这就是排名（ranking）产生的原因，从学校里的考试分数排名，到智商分数排名，再到职场中的 KPI 排名，等等。这些"排名"造成了现在人们常说的"内卷"，也就是人们会开始倾向于只看到自己在某种单一排名体系中的位置，努力地通过竞争在这些排名中获得更靠前的位置，以至于忘记自己为什么要获得这个排名。

这其实是一种对于人的潜力和能力的极大压迫和浪费，因为在这个过程中，人只会努力地解决一个问题，忽视了这个问题本身的价值，即忽视了"解决这个问题有什么益处"，从而陷入盲目的竞争，最后可能徒劳一场。

这种重视排名对人价值的判断，是一种一维的标准，人被困在一条单一的线条上，只能根据自己在这条线条上的位置感受自己的价值，这是一种非常原始和有极大缺陷的价值判断标准。

人们要挣脱这种单一的价值评判体系，就需要知道有比这种一维的自我价值判断标准更多维的思维方式。多元的价值评判体系可以被看作一种二维的价值判断体系。在这个二维的体系里，人看到自己可以参与并体现价值的地方不止一种，就像坐标系上可以有很多条线，任何一条线上都有很多位置。

对于避免卷入无意义的竞争最有益的思维方式，是一种长期主义的思维方式和价值评价体系，就是一个人能够看到在更长的时间线和人的生命发展脉络上，这些价值判断标准都会发生极大的变化。当时间这一维度被加入后，评价体系就到了更高的维度。在这个维度里，执着于某一种"好"的标准几乎毫无用处。比如，人到老年时会感到年轻时的学习成绩好的意义非常微小，而之前被忽视的健康或亲人的陪伴无比重要。所以，人们现在正在执着追求的一些"好"，很可能在更长的时间线上最终变得平淡、无用甚至荒谬，而很多被人们忽视的选择和可能性，却会在未来变得显著和重要。

的确，很多时候人们会感到选择很少，比如在学校中的 W 先生，当周围的同学、老师、家长看起来都只认同一种判断人价值的标准时，要去挣脱出来是很困难的，他需要拥有很强大的心理力量才能相信学习成绩或者智商不是唯一衡量他自我价值的标准，也不会妨碍他日后追求自己的职业目标。成年以后，仍然自卑和焦虑的 W 先生，就是被困在了一维的自我评价标准之中，很难看到自己多元的价值表现：他实际上有很强的共情能力和人际交往能力，他的事业成功和这些特质有更紧密的关系，这些特质使他能够接纳自己不总是环境里"最强"的那个人，而愿意借助他人的力量，愿意谦虚地与他人合作。他的成功并非仅仅来自他自认为的埋头苦干，他只是从来没有从另一个侧面观察过自己和自己的世界。

学校集体环境中的人际历史，往往深刻地影响一个人在"竞争与合作"方面的能力，而这又是一个人在社会中最核心的能力，但其重要性往往会被低估。人们往往以为，自己去学校就是为了获得知识，考出好成绩，得到一个证明自己聪明才智的学历。实际上，在这个过程中建立起来的、在集体环境中与他人合理及适当地竞争和紧密地合作的能力，才是人在社会中生存必不可少的能力。如果一个人真的只在意分数和排名，反而是一种本末倒置。通过自己在某个维度上"超越"他人来弥补自己的自卑感和欠缺感，是一件永无止境的事情。弥补自卑感和欠缺感只能通过真正接纳和面对自己的不完美，总有人会在一些方面比自己更强，但竞争和超越并不是面对这种"更强"的唯一的选择。人类无法仅凭单个个体生存，而只要一个人能够和他人建立良好的合作沟通，就能够在社会中找到一个适合自己的位置，并且获得幸福的体验。

与同辈相处的创伤之二：霸凌

霸凌是指集体中的某一个或某一些人被社交力量更大的人故意伤害、压迫和欺辱的情况。常见的霸凌有四种类型：肢体霸凌、语言霸凌、关系霸凌和网络霸凌。在现在的学校集体环境中，肢体霸凌其实已经不多见，而后三种形式的霸凌更普遍、更隐蔽，会对人的心理产生更大、更久远的伤害。

霸凌是如此常见的一种集体人际事件，以至于很多人在成长过程中都经历、参与或者目睹过这样的事情。

南希在高中时就经历过一场漫长而痛苦的关系和网络霸凌。霸凌她的"领头人"是一个她其实并不熟悉的同班同学，她甚至不知道为什么这个霸凌者会选中她。这个霸凌者首先假装想成为她的朋友，接近她，与她聊天，刺探她的隐私，然后又把和她的聊天截图和私人信息传播给班级里其他人，一起嘲笑她。更过分的是，这个霸凌者会使用匿名社交软件，让南希看到她和其他人一起嘲笑南希的聊天记录。在这些聊天记录里，南希看到这些人给她起了非常具有侮辱性的绰号，还无中生有地描绘了她和很多异性的关系，说她是一个下流、低贱、没有自知之明的人。由于社交软件是匿名的，所以在南希看来就是一群她并不知道是谁的人聚在一起恶意中伤她，并且这些人就在她的周围，让她感到周围的人都是这样评价和看待她的。这让高中时的南希非常恐惧和受伤，仿佛生活在一个无形的充满恶意的网之中。

社交焦虑与人际孤立是霸凌受害者最显著的"后遗症"。南希在经历了这一切之后，没有选择很快告诉自己的家人或者向老师求助，一方面是因为霸凌者威胁她，不许告诉其他人，不然她会受到更严重的欺负；另一方面是因为被霸凌本身带给她的羞耻感和无力感。在南希看来，欺负她的人似乎都是一些受欢迎、聪明、有某方面优势的人，所以她在潜意识层面相信是自己真的不够好才会受到这些人的霸凌。在这样的心理状态中，去求助似乎也是一件让人感到不安的事情，她十分担心自己会被家长或老师责备，被认为是她真的做得不够好，别人才会这样惩罚她。

南希从来没有想过，仅仅是开口说出"我被欺负了"这几个字，就会如此困难。很多次当她和家人坐在一起吃晚餐，或者老师在批改她的作业时，她都很想对他们说出这几个字，但不知道为什么，就像是喉咙被堵住了，她就是无法说出这几个字。她试探性地告诉了父母自己被欺负的情况，但是父母给她的反馈却是要她"勇敢反击""别把这件事放在心上、开心一些"，她的父亲还让她反思"是不是有什么冒犯到别人的地方"。这些来自父母的反馈让她感到很羞耻，因为这些建议让她感觉自己是懦弱的、没有勇气的。事实上，势单力薄的她就算再有勇气，也很难以一己之力反抗那么多人。

在霸凌事件中，"责备被害者"是非常常见的情况，很多时候甚至连被霸凌者最亲密的那些人，都会在无意识的情况下这样做。比如南希的父母，虽然表面上是在鼓励支持她，让她"勇敢反击"，事实上有一种隐含的意思是，她没有努力反抗才会发生这样的事情。而"别把这件事放在心上、开心一些"，隐藏的含义是被霸凌者自己太小心眼了，不能放宽心。在很多霸凌事件中，直接责备被霸凌者的情况也很常见，比如被霸凌者的父母会让他们"反思反思你自己为什么被欺负，肯定是你有什么问题"。这样的语言对被霸凌者来说是严重的二次伤害，会让他们感到孤立无援。

听到父母对自己的反馈后，南希感到更加脆弱无助，她开始更加回避那些欺负她的人和信息。对很多被霸凌者来说，有一个很难被解开的迷思，就是为什么自己会是那个"被选中的"人。有研究显示，霸凌者的行为模式里一般都具有一种稳定的攻击性，他们其实会持续地试图霸凌周围所有的人，只是在通常情况下，他们只能成功霸凌那些在人际上不够果断，对他们的霸凌有明显脆弱反应的人。所以，南希由于缺乏人际支持而更加回避、脆弱的表现，反而会强化霸凌者的欺凌行为，因为他们就是想要看到自己的行动能够伤害别人。

南希经历的网络霸凌，会造成比一般的关系霸凌更大的人际创伤。因为网络霸凌的匿名性，信息发出者可以不为自己的言论负责，所以攻击性的言论会更加夸张、信息会更加脱离事实、接收到的人更多，南希却没有办法向发出信息的人质证。在网络霸凌中，霸凌者和旁观者的身份界限更加模糊，即使一开始编造攻击信息的霸凌者已经停止了霸凌行为，遗留下来的信息仍然可以被传播和看到，"围观"行为本身也变成了霸凌的一部分。

被霸凌的经历与成年后的抑郁、焦虑、惊恐障碍等心理问题显著相关，很多的辍学事件及更严重的事件也都是由霸凌引发的。霸凌不仅仅会对被霸凌者造成深刻的伤害，实际上从长远来看，对旁观者甚至霸凌者本身也都有很强的人际损害，后者在建立建设性的、合作的人际关系方面也会有很大的障碍。人最初接触到霸凌往往是在学校等集体环境中，而那时的人际发展是不成熟的，是在吸收接收周围的人际信息进而成长的阶段，所以霸凌总会使人对人际关系的体验和认知产生非常深刻的负面影响。

霸凌是一种群体行为，旁观者的观看对霸凌者来说很重要：通过这种肤浅的方式展示自己的力量并获得优越感是霸凌者最大的目的。很多霸凌者形成的问题模式在于，他们缺乏基本的共情能力，真的认为自己能够从欺负他人上获得优越感，会把其他人的脆弱反应理解为自己的胜利和力量展示，所以越是对他们的霸凌行为做出脆弱反应的人，就是他们越喜欢的欺辱对象。但是，如果霸凌者通过这种方式感到自己真的可以获得别人的注意甚至认同，以为用人际压迫甚至暴力可以获得好处，这对他们未来的人际发展可谓是毁灭性的打击。当他们离开了纵容他们采用这种实际上非常软弱的获得优越感的方式的地方之后，就会发现自己孤立无援，没有人愿意和他们合作。并且，这种充满攻击性的人际行为模式如果没有受到干预，继续被带到成人世界里，在缺乏人际合作的情况下，霸凌者就会有更大的可能发展成犯罪者：当一个人没有能力在正常的人际环境里建立合作关系，而只能使用暴力、欺骗、掠夺等方式从别人那里获得生存的资源以及优越感时，就会去犯罪。

令人意外（或者也理所当然）的是，很多霸凌者同时也有被霸凌的经历，因为霸凌本身就是一种在群体中习得的行为，霸凌者由于自己的经历，也更容易接受自己难以反抗一个"更强"的力量的情况。

霸凌对于旁观者也有很深刻的影响——如果没有观众，表演就没有意义。霸凌的本质是霸凌者想要发起的一场对于自身优越感的表演，霸凌者在试图向观众传达：看，我这样才是最有力量的，我才是最优越的，因为我可以伤害其他人的情感和身体，我可以控制其他人。通过这种方式体验优越感才是霸凌者的最大心理动力。接收到这个信息的旁观者往往会受到很多的次生创伤。很多人会很疑惑，为什么霸凌事件里鲜少有旁观者会站出来，制止这些恶劣的事件，事实上，孩子们在成长过程中并不理解霸凌事件的真相，所以很多人会认同霸凌者，甚至有加入欺负被霸凌者的行为。这其实是一种潜意识层面的自我防御机制，因为认同霸凌者就会在心理上感到离被霸凌者更远一些，似乎这样就能减少自己被欺负的可能性。

从根本上讲，要避免霸凌需要接受十分系统的社会和学校的心理教育，教育孩子们自己的边界不可被侵犯，要有自信和有能力拒绝任何不合理的侵犯以及去寻求他人的帮助。教育所有孩子不要做助长霸凌的"旁观者"也是至关重要的，因为旁观者的注意和认同是霸凌者的根本动力，如果霸凌行为引发的不是旁观者的注意而是忽视、反对、鄙视，霸凌者感到自己的行为得到的不是社交地位的提升而是下降，霸凌就不会发生。有些学校会用类似角色扮演的方式让儿童分别体验作为霸凌者、被霸凌者和旁观者的感受，从而增强共情能力，共同阻止霸凌的发生。

对于南希来说，之后很长一段时间内的人际成长和修复的目标，就是从羞耻感和欠缺感中走出来，重新体验和建立更健康的人际关系模式。她需要从根本上感受并不是自己的问题导致了这一切，而是自己经历了一场长期、复杂、充满无意识共谋的群体伤害。去看到欺凌她的人并不是她以为的"厉害、受欢迎的人"，而是缺乏同理能力和自信、内心十分懦弱的求关注者（attention seeker），是南希从这种羞耻感和欠缺感中走出来的关键一步。

更重要的是，南希需要看到自己在这段经历中的力量和弹性：往往是更加善良认真的人，才会在受到攻击指责时试图放下防御，即使是霸凌者的声音也去倾听——因为她总是想要做一个对他人负责、有反应的人，并一直试图调整自己来与别人合作。这实际上是一种很有力量的心理特点，这意味着一个人要打开自己，允许自己脆弱，允许自己去共情、理解他人、听到他人的声音。只是霸凌者的声音本身是不值得被听到和尊重的，是霸凌者利用了她的这个特点，而不是她的这个特点本身是不好的。

避免被霸凌伤害的核心心理力量是，一个人应该永远记得，自己的自我认知和自己最亲密的人对自己的评价，应该永远被自己放在最高的优先级上，而其他人的反馈意见应当排在后面，需要被自己审慎地理解和适当地接纳。那些说她"低贱、下流、没有自知之明"的声音不应该真的进入她的自我认知体系之中，只要审慎地思考一下，就会发现这些词语只是毫无意义的符号，其内涵是空洞的，因为说出这些话语的人本身的态度就是轻浮而不严肃的。去辨识这些话语来源者的态度至关重要，这些话语如果不是来自一个真诚的、试图和你交流的人的，它们就没有任何意义。

只要认识到这些，霸凌经历最后就会变成一场记忆中的闹剧和云烟，因为真正有力量的永远都是对他人抱有善意、共情和理解的人，用所谓的权力压迫他人是一件极其简单和懦弱的事情，这种懦弱最终不会给人带去任何好处和力量。

第十章 情绪负性能力

对于人的认知系统来说，一个很有趣但是也很富挑战性的事实是，一件事情只要是陌生的，人们就会自动因恐惧而回避；而一件事只要是熟悉的，即使是有害的和危险的，人们也很容易被吸引和进入。

很多人很擅长在应试教育或者劳动强度很大的环境内生存，并且能够获得很好的成绩和成就，但却很难面对和耐受人际关系中的问题和痛苦。很多时候人们被教育，只要勤勉努力，就能克服一切困难。然而对于很多存在性的问题，并不是仅依靠某种现实层面的"努力"就可以改变的。

接受与人的生命同在的一些"痛苦"的普遍性，看上去是一种消极的人生观，但其实是一种更真实的接近生命和生活本质的态度。

亲密关系：如果注定和"错的人"在一起，怎么办

笔者曾经不止一次地与不同的有亲密关系回避议题的来访者发生过类似的对话。

咨询师："我发现你其实真的很有毅力，过去上学时那样艰难的处境和严格的老师，你都熬过来了，现在你在工作中也非常有韧性，虽然遇到了很多困难，但是最终几乎都达到了预设的目标，还在不断地继续学习和进步，真的很令人佩服。但是你有没有发现，你在亲密关系里，只要遇到一点点与你想象不符的地方，你就会感觉很挫败，感觉无法承受这么巨大的痛苦。"

小维："是吗？我好像没有意识到这一点，我觉得自己好像一直挺脆弱的。"

咨询师："你怎么看待自己获得的这些学业和事业上的成功呢？我觉得如果没有很强的毅力和耐受痛苦的能力，这些成就好像挺难实现的？"

小维："嗯，但是我觉得那些对我来说好像没有那么难，已经习惯了，一直以来就是这样过来的。"

咨询师："从某种程度上讲，人就是这样的，我们所能够做到的和擅长做的事情其实都是习得的，从吃饭、走路到写论文、做量表，好像没有什么事是一个人天生就会做、一开始就能做得很好的，都是需要一个人一点点地去学习和练习的。"

小维："好像是这样，毕竟也没别的办法，从小就在学校里被逼着学习，不会也得会了。"

咨询师："这个过程好像不太舒服，但是如果多尝试几次，你会不会发现考试有考得好的时候也有考得不好的时候，似乎那个感受的波动比较容易让人接受了？"

小维："嗯，考得好当然好了，考得不好，大不了就是挨一顿骂，早就习惯了。"

咨询师："是的，你已经对那个过程熟悉了，知道之后会发生什么，大不了就是挨一顿骂。但是在亲密关系里，如果对方一小时内没有回你信息，或者迟到了，这个事情似乎对你来说就很难耐受？你有没有想过，也许不是客观上哪一种情况更痛苦一点，而是你更习惯和熟悉那种学习、工作的痛苦，但是很难耐受情绪上的、亲密关系里的痛苦挫折？"

小维："是这样吗？我从来没有这么想过，我觉得像学习、工作这种事是大家都得去做的，没觉得这是件困难的事情。"

咨询师："可不是都这样，这个世界上的平均就业率也只有30%左右，能考上大学的人也只占5%左右，而你能拥有今天这样的成绩一定耐受了很多的痛苦，我的意思是，也许你不像你自己说的那样脆弱，只是有些事情是你不熟悉的，所以会很害怕。"

小维："学习、工作的痛苦是我熟悉的，而亲密关系的痛苦是我不熟悉的，所以我会回避和拒绝，是这样的吗？"

咨询师："嗯，好像从小到大你被教育了很多如何在学习、工作中克服困难，要有毅力坚持，但是好像没有人教过你如何去和人际关系和亲密关系里不舒服的感觉和情绪相处。"

小维在成长过程中一直因为母亲的强势和控制而十分困扰。他在青春期时就下定决心一定要摆脱母亲的控制，到离家很远的地方上大学。通过刻苦努力，他进入了自己心仪的大学，开始了自由的新生活。但他备受困扰地发现，自己好几任女朋友的身上似乎都有自己母亲的影子：她们虽然很关注他，让他感到被爱，但是她们有的要求他晚上睡觉之前一定要说晚安，让他感到被控制；有的要求他一起健身减肥，让他感到自己很不被接纳；还有的要求他每周末要陪同自己去陪伴父母，这令他更难以接受。后来，他终于找到了一个和他一样渴望自由、有着十分乐观的生活态度的女朋友。一开始，他感到十分快乐，觉得终于拥有了一段一直渴望的放松和安全的关系，但是一段时间以后，他又开始苦恼了：自己的女朋友怎么能这么不拘小节，让家里的猫和人一起睡觉？自己生病了，对方也能在到医院看望他之后继续参加娱乐活动，这是不是表明她不爱自己？

小维感到自己受够了像和母亲的关系那样被控制的亲密关系，拼命努力寻找一个不带给他控制感的伴侣，然而，成长的体验和对母亲在内心深处的那部分认同又让他感到另一种不被关注的痛苦。所以，从某种程度上讲，小维必须在两种不同的痛苦之中做出选择：选择一种更被关注但是不够自由的痛苦，还是选择一种轻松自由但是感到自己缺少关注的痛苦？

著名的情感心理作家阿兰·德波顿（Alain de Botton）在《爱的进化论》里写到，人们童年时期阅读的童话故事里常常都会有"公主和王子从此过上了幸福快乐的生活"之类的描述，浪漫的文学作品也会让人有找到自己的"灵魂伴侣"的美好幻想。事实是，每个人都注定要和"错误的人"在一起，并且这个选择是自己做出的：因为这个世界上其实极少出现像找到一块完全契合的拼图一样找到一个"正确的伴侣"的情况。如果要问，难道就没有一种对于小维来说刚刚好，既让他感到被关注又让他觉得很自由的关系吗？既残酷但又客观的答案就是"没有"。因为让他感到痛苦和舒适的，本质上就是同一种东西，就像一个硬币的两面，那就是如他母亲一般带着许多要求的关注，而他不可能只要硬币的一面。

对小维来说，他需要的是看清自己的选择，然后耐受自己的选择带来的痛苦。类似于这样的亲密关系问题的终极解法，不是去寻找一个完美互补的人的形象，而是提高忍受差异和痛苦的能力。小维不可能找到一个"完美女友"，这个女友既可以在他需要的时刻给他足够的关注，又可以在他想要自由的时候识趣地走开。如果他想得到更舒适的关系，就需要有耐心和共情力去和对方细致地讨论关系中的种种动态和选择，比如：和对方讨论我担心的是你到医院来看我之后就去找朋友玩了，这是不是不够爱我的一种表现？我相信其实不是这样的，我猜也许是你的家庭环境教育让你认为这是一种更好的爱人的方式，但我还是需要更多一点来自你的关注。这一切的基础是对关系中的痛苦的耐受能力。

如果要回答"究竟什么样的人才是适合我的灵魂伴侣"这样一个问题，有一个十分简单、清晰的标准答案：能够忍受和理解差异和关系中的痛苦的人。如果一个人希望自己成为别人眼中的白马王子或红颜知己，也许尝试让自己朝着这个方向成长也是不错的选择。

接受痛苦：忍受痛苦才能拥有创造力

诸行无常，这个世界上能让我们感到全然舒适的部分其实很少，也很少有人能一直按照自己理想的轨迹生活，别人的行为总是和我们想的不一样。事实上，和人们想象中一模一样的人际关系和快乐的体验就不如他们认为的那样多，生活中像在学校里一样努力学习就能获得成绩进步的单纯逻辑更少之又少。叔本华在对于人生痛苦的论述中写到，人的意识就像一条流淌的河，只有在遇到阻碍时才会有强烈的感受，所以痛苦挫折的感受永远比幸福顺利的感受显著许多。真实的生活境遇往往就像大海的波浪一样，总有起伏。一个人如果自动预设自己的生活应该永远幸福快乐，反而会在现实生活中给自己带来焦虑和恐惧。

很多人在生活中看起来非常努力地做了很多事情，其实什么也没有做成，究其原因就在于，他们仅仅在努力地避免痛苦，而无法接受生命的痛苦往往是不可避免的。

比如钟情妄想，一个人无法忍受关系的分离和丧失的痛苦，无法接受自己爱的人不爱自己，所以给没有得到回应的情况找了各种借口：他是不好意思才不理我的，他肯定是我晚上睡着之后才敢来看我的；又如强迫症，这种神经症某种程度上可以为患者提供心理上的安慰：只要多洗一次手，心理上就会感觉得病的概率没有那么高了；只要回去再关一遍门，也许就能避免家里被偷盗了。

这些回避痛苦的症状和行为其实无法给人带来更好的结果，只能让人在当下的行为模式里打转。这些行为既无创造性，也不能带给人真正的力量和勇气。以回避痛苦的方式来解决冲突是一种安慰剂，它并不能让人真正胜任生活和发展的要求，而且在此过程中，人们会放弃自己那些最优秀和最强大的力量。更重要的是，回避痛苦的行为并没有真的让痛苦消失，痛苦只是以更缺乏现实适应性的形式继续存在了，甚至还可能让人更痛苦。

如果要把所有的精力和智慧都放在避免痛苦上，人生就可能变成一片空白，一个人便再也没有时间和力气去做自己想做的事情，无法为生命涂上有创造性的色彩。

人们的成长教育中，往往缺失了一种教育：对"负性能力"（negative capability）的培养和教育。"负性能力"一词本来不是一个心理学概念，它最早由著名诗人济慈提出，他用这个概念赞颂莎士比亚的写作品格，称他能够"在不确定、神秘和怀疑中存在，而不会急不可耐地谋求事实和原因"。

莎士比亚为何能写出流传千古的绝世佳作？从心理情绪的角度去细看，很大程度上是他对人世间痛苦的耐受能力很强，他能够慢下来，留在那种未知的不理想和痛苦之中，去细细体验和表达那究竟是什么——朱丽叶假死，罗密欧竟然没有仔细考察一下就服毒自杀了，这多么荒唐且令人悲愤和遗憾。但是莎士比亚不会被这些负性情绪冲走，他能够接纳这些荒唐的悲剧体验成为这个世界的一部分，甚至能够让自己沉浸其中，描述那些颗粒极细的负性体验，这才成就这部流芳千古的佳作。这些名作之所以会被人称颂，可能就在于它们虽是虚构的，但其中的情感体验格外朴实、深刻和真实。有更多伟大的艺术家、领导者和开拓者，都是因为拥有这样承载负性体验的能力，才能持久地保持面对和改造世界的创造性，做出真正有意义的事。

在漫长的人类历史中，很多哲学家都致力于探索和了解人究竟如何与这些生命中不可避免的痛苦相处。斯多葛派的哲学家们深谙此道，著名的认知行为疗法的创立者亚伦·贝克（Aaron Beck），也认为自己的流派学说发端于斯多葛哲学思想。斯多葛派认为，每个个体都只是时间和空间中渺小的一粒，个体小我必须接受自己是整个大自然、宇宙的极小的一部分。写下了《沉思录》的著名罗马皇帝马可·奥勒留（Marcus Aurelius）同时也是一位斯多葛派的哲学家。他虽然在世俗地位上已经达到罗马皇帝的高度，但却选择了斯多葛哲学的生活方式。因为他能够深刻地感知到，即使他在世俗地位上超越了他所见到的所有其他人，他也仍然无法回避生命的痛苦和自身的渺小。他是罗马的最高主人，拥有一个强大国家的所有资源的使用权和分配权，却仍要面对战争的残酷、亲人的死亡、疾病的痛苦。他虽然拥有无数的仆人和士兵，却没有任何人能够替他承受这些痛苦。只有斯多葛式的哲学思考才能帮助他去面对世界的残酷，得到内心的安宁。

简而言之，所谓负性能力，就是一个人能够耐受自己的生活和关系中那些被理解为"不好"的部分，以及不确定、未知和无常的部分，能够去体验和接受它们，而不是立即付诸行动去改变，或者要努力得到一个明确的解释。为何需要这样一种能力？对于一个人适应社会和使人格逐渐成熟的需要来说，去理解和接纳自己不是全知全能的，以及世界和他人也无法保持一种理想的状态十分重要。只要人们足够谦卑，就会发现人确实不是全能的，也不可能预知和掌控未来。

能够在自己的生活中辨识，哪些部分是自己可以掌控的，而哪些部分是自己无法掌控而需要去接受的，是一种高尚的智慧。只有拥有了这样的智慧，才不会白白浪费自己和他人的生命，不抑郁也不狂躁地留在这个不以人们的感受为中心的世界里，获得更好的生命体验。

在自我探索和疗愈的道路上，人们总是有很多选择，有时候会对这些选择感到迷茫，不知道什么是适合自己的。所以笔者在此供一些思路，阐述一些常见的心理求助方式，以帮助大家了解如何选择适合和匹配自己的求助资源。

生活、心理、关系方面的专业求助资源其实是多种多样的，只要勇敢地踏出第一步，尝试寻求专业帮助，其实有很多选择在等着人们。

⌒ 个体心理咨询 ⌐

笔者尝尝会被问到的一个问题："如果要做心理咨询，要找什么流派的心理咨询师，是要找精神分析流派的咨询师深入分析自己，还是找认知行为流派的咨询师矫正自己的信念和行为？"其实，心理咨询最重要的绝对不是停留在技术层面，而是一个能够达成治疗同盟并使患者产生信任和安全的咨询关系。仔细想想，心理咨询是一个很有趣的设定，一个人进入一个全新而陌生的环境，与一个之前和他没有任何交集且保持中立的人（咨询师）讨论自己的问题和体验，但最终他还是会把自己从前一以贯之的人际信念和模式带入这样 一个全新且受各种设置保护的关系，体验各种熟悉的感受和状况。

在某种程度上，咨询关系就像一面镜子，会反映一个人在自己的世界里的各种人际关系模式：他在人际关系里秉持怎样的信念？他最重要的情感需求是什么？在他过去的成长经历里，他习得和形成的建立和处理人际关系的方式是怎样的？当人际关系里出现和他的期待不一样的情况时，他会作何反应？

为什么这些问题很重要呢？因为人的本质是社会动物，人无法仅靠自己生存下去，所以，一个人在各种错综复杂的人际关系网络里处于一个什么样的位置、如何理解和处理这些人际关系，会对他的生存体验产生至关重要的影响。在咨询关系里呈现、体验和讨论这些部分，是帮助一个人成长和发展的途径之一。那些在人际中让一个人感到痛苦难受的、难以面对的、羞耻的或恐惧的东西，究竟是什么？在咨询关系里照一照镜子是一个不错的选择，因为很多时候，觉察即自由。

除了"镜子"这个功能，咨询关系的另一个重要功能是"容器"。咨询关系的一个显著特点是"无条件地积极关注和接纳"，意思是在一个咨询关系中，咨询师不会对来访者从某一种价值观或者道德观念出发进行评价、判断或要求，这使得咨询关系成为一个"安全"的关系，来访者不必担心自己的经历、想法、情感、观点会被批判或攻击，只有在这样安全的关系里，一个人才能开始真实地表达和呈现自己，而这也是一个人自我了解和自我接纳的开始。

有时，心理咨询是一种技术，但好的心理咨询往往更像一种艺术。在这个自己说了不算的世界和人生里描写自己的个人叙事，探索私人历史和经验的多重真相（multiple truths），就如同威廉·福克纳的小说中所描述的那样，同一个世界里可以选择看待自己和关系的不同视角太多太多，重要的是一个人自己能够认同哪一种视角，他选择如何描述和理解自己的生命。比起找到某一种唯一"正确"的生命理解或方法，心理咨询最终的目的是帮助人们创造自己的生命叙事，就像以自己为主人公写一本故事书一样，这个主人公从哪里来，要到哪里去，秉持怎样的信念、情感和希望，这最终会是一个个体独一无二的生命艺术。

如果要尝试寻求心理咨询，千万不要抱着"找现成答案"的心态去找一个心理咨询师，不会有一个心理咨询师比来访者自己更了解自己，也不会有一个心理咨询师更有资格告诉来访者他应该怎样看待自己、对待自己的生活，心理咨询师只是一个谱写和表达的助手，最宝贵的自我叙事和自我定义的权力一定要掌握在自己手中。

⌒ 伴侣咨询 ⌐

伴侣咨询，顾名思义，是在亲密关系中的两人共同参加的咨询。参加伴侣咨询的契机其实有很多，不一定是在感到自己的亲密关系出现了严重问题才可以做伴侣咨询，在很多地区，为结婚做准备的婚前咨询也十分普遍。

在多数情况下，人们会选择进行伴侣咨询还是因为感受到了自己的亲密关系中有了让自己不满意或不理解的部分，希望通过伴侣咨询改善自己的亲密关系体验。即使两个人都想继续维护关系，却仍然会因为很多原因难以达到互相理解的状态，这其实是一件很普遍的事情。这是因为每个人都有自己独特的成长经历，在成长过程中习得的关系模式和对关系的理解也都是不一样的，所以其实很多时候要互相理解并不是一件"自然而然"的事情，在亲密关系中要达到融洽沟通其实是需要练习的。

不同依恋模式的人表达感情的方式、处理情绪压力的方式都不一样，比如焦虑型依恋的人在感到关系不安全时就会努力靠近、质问、发怒，而回避型依恋的人遇到这种情况就会想要躲避起来，这会让焦虑型依恋的人更加焦虑和靠近、质问，最后回避型的人就加倍躲避，如此形成一种负循环。

这些关系模式和交流模式的负循环要怎么结束呢？势必需要一些干预。这就像两个学了不同舞步的人一起跳双人恰恰，即使双方都有意愿一起跳舞，也难免会互相踩脚。而伴侣咨询就类似一个去帮助双方"合舞步"的过程。

在某种程度上，关系双方愿意达成一致去做伴侣咨询就是关系开始好转的标志，因为这意味着双方开始承认和正视自己关系中有需要改善的地方，并且承诺愿意共同付出时间、精力、金钱去改善关系。

团体咨询

团体咨询是一种非常有趣且极富互动性的活动，有很多不同的形式和结构。一般的团体会有一两名团体心理咨询师作为带领者，以及5~12名团体成员。团体最大的特点和魅力是团体成员们得以在一个受保护、安全和隐私的环境中与他人深入交流，得以在这个过程中细致地观察、学习、体验、探讨、调整和改善与他人关系中的方方面面。

在某种程度上，团体咨询可以弥补个体咨询的一些不足，比如获得更真实的人际互动的体验。曾有来访者告诉笔者，同时参加团体和个体咨询，让他得以在团体中再次尝试和检验在个体咨询里讨论的人际关系模式和可能性，是一种帮助他把人际领悟和成长更顺利地延展到日常生活关系里的促进工具。

在团体中，有时人们可以看到原来自己的苦恼是有普适性的，其实也有很多其他人能够体验和理解自己的苦恼，这会让人们在面对问题时不再那么孤独；也有一些时候，人们会发现原来别人会用不同的视角和方式处理他们体验到的困难，会给他们一些面对生活的启发。

团体咨询的形式多种多样，有确定主题的、结构化的团体，这样的团体会要求大家一起进行有明确主题的练习，也有非结构的人际成长团体，让人自然地在团体中建立关系，心理获得成长。只要想参与，几乎任何人都可以找到适合自己的团体形式。

⌈ 艺术 / 舞动 / 音乐 / 戏剧 / 游戏疗法 ⌉

很多人之所以对参加艺术相关心理治疗活动有所顾虑，就是因为觉得自己可能不擅长画画、跳舞、音乐等，实际上，这些疗法完全不需要参与者有任何基础。艺术只是一种介质，真正重要的是参与者在这个过程中的即兴表达和表现，以及与治疗师之间的关系互动。比如舞动治疗很多时候让人完全感受不到自己是在跳舞，而是在十分即兴地感受自己的身体与空间、他人、物品之间的关系和律动。

传统的心理咨询一般采用以谈话为主的方式，但是也有很多人会觉得单纯谈话的方式不适合自己，无法通过语言充分地表现自己，而是更倾向于用身体、动作、图画等方式表达自己，所以艺术治疗是应用很广泛的方式。

另外，因为儿童受语言发展阶段的限制，很多时候治疗师很难单纯通过谈话的方式了解儿童的内心，而通过游戏绘画等方式则可以帮助儿童更顺畅地表达自己的感受。

总之，如果对以某种艺术的表达为介质的自我探索和自我照顾感兴趣，或认为单纯的语言沟通不足以很好地表达自己，这些艺术治疗的方式可能是可以探索的方向。

⌒ 生涯教练 ⌒

生涯教练与心理咨询的区别是，生涯教练具有更高的指导性和鼓励性，而心理咨询具有更高的探索性和个性化。什么时候一个人应该选择去尝试生涯教练呢？简单地说，就是当他已经有一个明确坚定的目标的时候。比如，他已经很确定自己想要的是一份新工作，决定转行，那么找到一个生涯教练就可以帮助他得到更多的正反馈和鼓励，使他达到目标所需要克服的障碍更清晰，持续保持动力等。

生涯教练往往更倾向于明确目标导向。如果一个人感到自己的内心还有很多疑惑和不确定，那么他最好还是选择个体或团体心理咨询等更具有开放探索性质的方式来了解自己。

⌒ 精神科医生 ⌒

很多人可能对求助精神科医生有排斥和恐惧的心理，也常有来访者向笔者抱怨精神科医生冷冰冰的，没有时间倾听他们的状况，体验十分不好。的确，精神科医生的角色和心理咨询师很不同，他们每天接诊的人数很多，主要的任务是评估和诊断就诊者心理状态和社会功能水平等，所以不会有很详细的交流，这可能和很多就诊者的期待不太一样。大部分精神科医生主要是在更偏生理的方面帮助患者，开处方药帮助患者调整内分泌功能，这和心理咨询师的角色是很不一样的。

人们都知道，当一个人骨折了，他首先需要做的事肯定是去医院止血、把断掉的骨头接起来、把伤口缝合好、消炎避免感染等，等伤口逐渐愈合，之后做的事才是做康复训练、锻炼身体、学习正确的运动方式、强健肌肉组织以防下一次骨折。看精神科医生和去做心理咨询之间的关系就有点像去看骨科医生和去康复科之间的关系。当一个人骨折了，还在很剧烈明显的痛苦之中时，他显然是没有办法很快地去做康复训练、增强体质以缓解痛苦的，心理咨询也是一样。一般的心理咨询都是以一周一次左右的频率进行，即使是短程的心理咨询也需要数周到数月才能起到帮助人改善心境和认知的效果，因此心理咨询是需要个体本身具有一定的情绪稳定性、认知和反思能力时才适合进行的。而精神科就诊可以在相对较短的时间内稳定一个人剧烈波动或极其低落的心境，这对保障一个人的身心健康是十分关键的。

很多人对于看精神科医生有着额外的心理负担，这是因为存在很多污名化精神科的社会信息，使人们认为去看精神科就说明一个人是疯子、精神病，会有很强烈的羞耻感。实际上，仅抑郁症这一种心理疾病的终身患病率就在 6%~7%，焦虑症的终身患病率也在 5% 左右，心理精神疾病的整体终身患病率在 18% 左右，是实实在在的常见病。由于对于精神心理疾病的污名化，很多人因为羞耻感无法及时接受治疗和寻求帮助，反而造成了更严重的后果。并且其中一些心理和精神疾病，如双相情感障碍、精神分裂症，是必须配合药物治疗的，越早干预，患者就会获得越好的治疗效果和生活质量。如果一个人因为这些污名化的概念不去求助就诊，对他来说实在是得不偿失。

总之，看精神科和心理咨询在很多情况下是需要互相补充、同时进行的，它们无法互相替代，给人帮助的方面也是十分不同的。精神科医生确实无法像心理咨询师那样仔细地和一个人谈他的生平经历、事情的来龙去脉，一个人同样也无法从心理咨询师那里得到诊断和处方。不同的专业人士可以提供的帮助是很不同的，但多寻求帮助总不会错的。要记住，人的本质是社会动物，所以每个人最基本的求生和存活技能不是工作、挣钱或是获得名次，而是求助。只要一个人感到需要，去尝试求助总是没错的。

[1] 斯蒂芬·杰·古尔德. 熊猫的拇指 [M]. 田洺, 译. 北京: 生活·读书·新知三联书店, 1999.

[2] 埃德加·列文森. 理解之谬 改变之谜 [M]. 陈祉妍, 沈东郁, 译. 商务印书馆, 2018.

[3] Shabad, P. Repetition and incomplete mourning: the intergenerational transmission of traumatic themes[J]. Psychoanalytic psychology, 1993, 10(1):61.

[4] 迪恩·博南诺. 大脑是台时光机 [M]. 闾佳, 译. 北京: 机械工业出版社, 2020.

[5] MacLean, Paul D. The triune brain in evolution: role in paleocerebral functions[M]. New York: Plenum Press, 1990.

[6] Vaillant, G., Mukamal K. Successful aging[J]. American Journal of Psychiatry, 2001: 158(6):839–847.

[7] Vaillant G E . Triumphs of experience[M]. Belknap Press of Harvard University Press, 2012.

参考文献

[8]   Panksepp, J. Affective neuroscience: the foundations of human and animal emotions[M]. New York: Oxford University Press, 1998.

[9]   弗洛姆. 爱的艺术 [M]. 李健鸣，译. 上海：上海译文出版社，2008.

[10]   Kübler-Ross E, Kessler D. On grief and grieving : finding the meaning of grief through the five stages of loss[M]. New York: Scribner, 2007.

[11]   苏珊·桑塔格. 疾病的隐喻 [M]. 程巍，译. 上海：上海译文出版社，2013.

[12]   米歇尔·福柯. 疯癫与文明 [M]. 刘北成，杨远婴，译. 北京：三联书店出版社, 2019.

[13]   大卫·福斯特·华莱士. 系统的笤帚 [M]. 何江，译. 北京：北京时代华文书局, 2018.

[14]   爱德华·L. 德西，理查德·弗拉斯特. 内在动机 [M]. 王正林，译. 北京：机械工业出版社, 2020.

[15]   费孝通. 乡土中国 [M]. 上海：上海人民出版社, 2006.

[16]   费孝通. 生育制度 [M]. 北京：商务印书馆, 1999.

[17] Gould, S. J. Mismeasure of man[M].New York: Norton & Company, 1981.

[18] Graham, Paul. Hackers & painters: big ideas from the computer age[M]. O'Reilly Media, Inc., 2009.

[19] Adler, Alfred.What life could mean to you[M]. Hazelden Foundation. Center City, Minnesota: Hazelden, 1998.

[20] Alain de Botton, The course of love[M], Penguin UK, 2017.